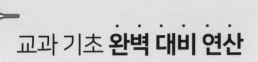
교과 기초 **완벽 대비 연산**

수학의 시작

4·1

초등
4학년 1학기

교과셈

책을 내면서

연산은 교과 학습의 시작

효율적인 교과 학습을 위해서 반복 연습이 필요한 연산은 미리 연습되는 것이 좋습니다. 교과 수학을 공부할 때 새로운 개념과 생각하는 방법에 집중해야 높은 성취도를 얻을 수 있습니다. 새로운 내용을 배우면서 반복 연습이 필요한 내용은 학생들의 생각을 방해하거나 학습 속도를 늦추게 되어 집중해야 할 순간에 집중할 수 없는 상황이 되어 버립니다. 이 책은 교과 수학 공부를 대비하여 공부할 때 최고의 도움이 되도록 했습니다.

원리와 개념을 익히고 반복 연습

원리와 개념을 익히면서 연습을 하면 계산력뿐만 아니라 상황에 맞는 연산 방법을 선택할 수 있는 힘을 키울 수 있고, 교과 학습에서 연산과 관련된 원리 학습을 쉽게 이해할 수 있습니다. 숫자와 기호만 반복하는 경우에 수 연산 관련 문제가 요구하는 내용을 파악하지 못하여 계산은 할 줄 알지만 식을 세울 수 없는 경우들이 있습니다. 수학은 결과뿐 아니라 과정도 중요한 학문입니다.

사칙 연산을 넘어 반복이 필요한 전 영역 학습

사칙 연산이 연습이 제일 많이 필요하긴 하지만 도형의 공식도 연산이 필요하고, 대각선의 개수를 구할 때나 시간을 계산할 때도 연산이 필요합니다. 전통적인 연산은 아니지만 계산력을 키우기 위한 반복 연습이 필요합니다. 이 책은 학기별로 반복 연습이 필요한 전 영역을 공부하도록 하고, 어떤 식을 세워서 해결해야 하는지 이해하고 연습하도록 원리를 이해하는 과정을 다루고 있습니다.

다양한 접근 방법

수학의 풀이 방법이 한 가지가 아니듯 연산도 상황에 따라 더 합리적인 방법이 있습니다. 한 가지 방법만 반복하는 것은 수 감각을 키우는데 한계를 정해 놓고 공부하는 것과 같습니다. 반복 연습이 필요한 내용은 정확하고, 빠르게 해결하기 위한 감각을 키우는 학습입니다. 그럴수록 다양한 방법을 익히면서 공부해야 간결하고, 합리적인 방법으로 답을 찾아낼 수 있습니다.

올바른 연산 학습의 시작은 교과 학습의 완성도를 높여 줍니다. 교과셈을 통해서 효율적인 수학 공부를 할 수 있도록 하세요.

지은이 천종현

1. 교과셈 한 권으로 교과 전 영역 기초 완벽 준비!

사칙 연산을 포함하여 반복 연습이 필요한 교과 전 영역을 다룹니다.

2. 원리의 이해부터 실전 연습까지!

원리의 이해부터 실전 문제 풀이까지 쉽고 확실하게 학습할 수 있습니다.

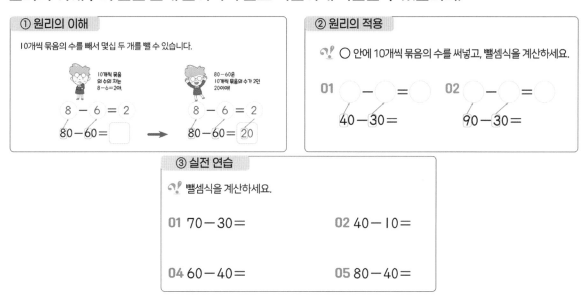

3. 다양한 연산 방법 연습!

다양한 연산 방법을 연습하면서 수를 다루는 감각도 키우고, 상황에 맞춘 더 정확하고 빠른 계산을 할 수 있도록 하였습니다.

빨셈을 하더라도 두 가지 방법 모두 배우면 더 빠르고 정확하게 계산할 수 있어요!

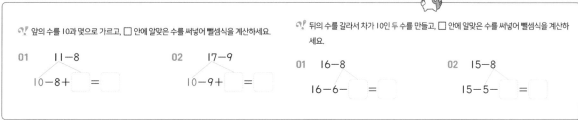

교과셈이 추천하는

학습 계획

한 권의 교재는 32개 강의로 구성

한 개의 강의는 두 개 주제로 구성

매일 한 강의씩, 또는 한 개 주제씩 공부해 주세요.

☑ **매일 한 개 강의씩 공부한다면 32일 완성 과정**

복습을 하거나, 빠르게 책을 끝내고 싶은 아이들에게 추천합니다.

☑ **매일 한 개 주제씩 공부한다면 64일 완성 과정**

하루 한 장 꾸준히 하고 싶은 아이들에게 추천합니다.

❀ 성취도 확인표, 이렇게 확인하세요!

속도보다는 정확도가 중요하고, 정확도보다는 꾸준한 학습이 중요합니다! 꾸준히 할 수 있도록 하루 학습량을 적절하게 설정하여 꾸준히, 그리고 더 정확하게 풀면서 마지막으로 학습 속도도 높여 주세요!

채점하고 정답률을 계산해 성취도 확인표에 표시해 주세요. 복습할 때 정답률이 낮은 부분 위주로 하시면 됩니다. 한 장에 10분을 목표로 진행합니다. 단, 풀이 속도보다는 정답률을 높이는 것을 목표로 하여 학습을 지도해 주세요!

연계 교과

단원	연계 교과 단원	학습 내용
Part 1 각도	4학년 1학기 · 2단원 각도	· 각도의 더하기, 빼기 · 직선, 직각, 한 바퀴를 이용한 각의 크기 · 삼각형, 사각형과 그 각의 크기 · 시곗바늘이 만드는 각의 크기 POINT 각의 크기를 구하는 기초를 단단히 다집니다.
Part 2 곱셈	4학년 1학기 · 3단원 곱셈과 나눗셈	· 0이 많은 곱셈 · (세 자리 수)×(몇십) · (세 자리 수)×(두 자리 수) POINT 두 자리 수를 세로셈으로 곱할 때는 자리를 맞추는 것이 더욱 중요합니다. 자연수의 곱셈을 다루는 마지막 단원입니다.
Part 3 나눗셈	4학년 1학기 · 3단원 곱셈과 나눗셈	· 몇십으로 나누기 · (두 자리 수)÷(두 자리 수) · 몫이 한 자리 수인 (세 자리 수)÷(두 자리 수) · 몫이 두 자리 수인 (세 자리 수)÷(두 자리 수) POINT 곱셈을 이용해서 몫을 어림하는 과정이 있기 때문에 나눗셈과 관련된 곱셈을 제시하면서 몫을 더 수월하게 어림하고 나눗셈을 정확하게 계산할 수 있도록 했습니다. 자연수의 나눗셈을 다루는 마지막 단원입니다.
Part 4 규칙이 있는 계산	4학년 1학기 · 6단원 규칙 찾기	· 연속한 수의 합을 곱셈으로 고쳐 구하기 · 수 배열표에 있는 수의 합 · 규칙 찾아 개수 구하기 · 규칙 찾아 사칙 연산하기 POINT 4학년 내외로 알아야 하는 여러 가지 규칙을 공부하고, 복잡해 보이는 연산도 더 간단한 연산으로 바꾸어 더 쉬운 방법으로 풀 수 있게 했습니다.

자세히 보기

🌸 원리의 이해

나누어지는 수에 몇십이 몇 번 들어갈 지 어림해 보고(나누어지는 수보다 크지 않으면서 가장 가까운 곱을 찾고), 어림한 몫을 이용하여 실제 몫과 나머지를 구합니다.

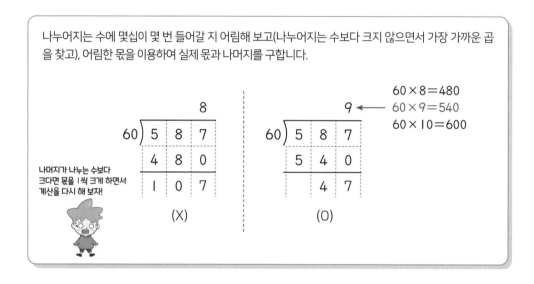

나머지가 나누는 수보다 크다면 몫을 1씩 크게 하면서 계산을 다시 해 보자!

식뿐만 아니라 그림도 최대한 활용하여 개념과 원리를 쉽게 이해할 수 있도록 하였습니다. 또한 캐릭터의 설명으로 원리에서 핵심만 요약했습니다.

🌸 단계화된 연습

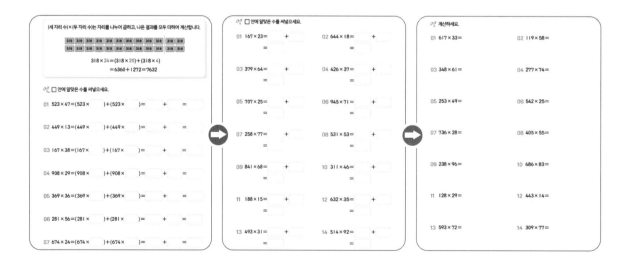

처음에는 원리에 따른 연산 방법을 따라서 연습하지만, 풀이 과정을 단계별로 단순화하고, 실전 연습까지 이어집니다.

✿ 다양한 연습

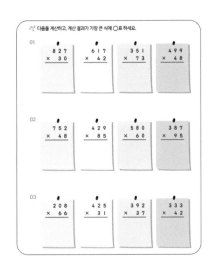
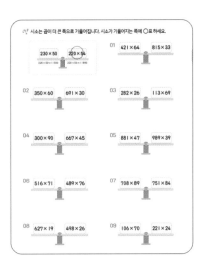

전형적인 형태의 연습 문제 위주로 집중 연습을 하지만 여러 형태의 문제도 다루면서 지루함을
최소화하도록 구성했습니다.

✿ 교과 확인

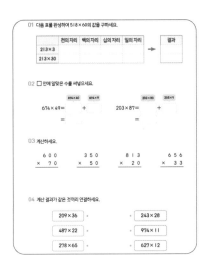

교과 유사 문제를 통해 성취도도 확인하고
교과 내용의 흐름도 파악합니다.

✿ 재미있는 퀴즈

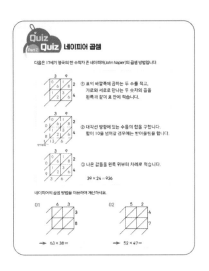

학년별 수준에 맞춘 알쏭달쏭 퀴즈를
풀면서 주위를 환기하고 다음 단원,
다음 권을 준비합니다.

1 PART

각도

차시별로 정답률을 확인하고, 성취도에 ○표 하세요.

😀 80% 이상 맞혔어요.　😐 60%~80% 맞혔어요.　😟 60% 이하 맞혔어요.

차시	단원	성취도		
1	각도의 합과 차	😀	😐	😟
2	각도의 합과 차 – 직선과 한 바퀴	😀	😐	😟
3	삼각형의 세 각의 크기의 합	😀	😐	😟
4	사각형의 네 각의 크기의 합	😀	😐	😟
5	직각 삼각자를 이용하여 각의 크기 구하기	😀	😐	😟
6	도형 밖의 각의 크기 구하기	😀	😐	😟
7	시계에서 각의 크기 구하기	😀	😐	😟
8	각도 연습	😀	😐	😟

모든 삼각형의 세 각의 크기의 합은 180°입니다.

ⓐ 자연수의 덧셈처럼 계산해요

두 각도의 합은 각각의 각도를 더한 것으로, 자연수의 덧셈과 같은 방법으로 계산하고 각도의 단위인 도(°)를 붙입니다.

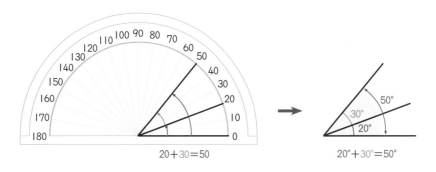

20°와 30°는 1°가 각각 20개, 30개 모인 것과 같으므로 20+30=50(°)입니다.

🖊 □ 안에 알맞은 수를 써넣으세요.

01

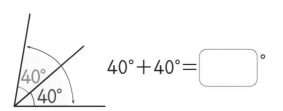

$40° + 40° = \boxed{}°$

02

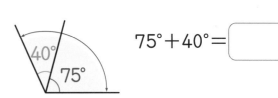

$75° + 40° = \boxed{}°$

03

$35° + 25° = \boxed{}°$

04

$55° + 70° = \boxed{}°$

05

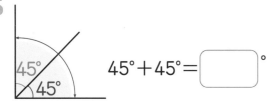

$45° + 45° = \boxed{}°$

06

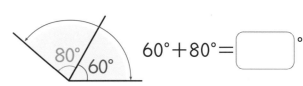

$60° + 80° = \boxed{}°$

단위 쓰는 것을
잊으면 안돼!

1
PART

🐰 각도의 합을 구하세요.

01 60°+20°= °

02 45°+40°= °

03 50°+85°= °

04 70°+45°=

05 45°+25°=

06 75°+30°=

07 65°+65°=

08 20°+35°=

09 155°+15°=

10 135°+15°=

11 30°+85°=

12 40°+35°=

13 40°+20°=

14 45°+110°=

15 80°+55°=

16 90°+30°=

17 25°+65°=

18 110°+20°=

19 85°+80°=

20 10°+15°=

21 20°+95°=

01

각도의 합과 차

Ⓑ 각도의 단위인 도(°)를 꼭 적어요

두 각도의 차는 큰 각도에서 작은 각도를 뺀 것으로, 자연수의 뺄셈과 같은 방법으로 계산하고 각도의 단위인 도(°)를 붙입니다.

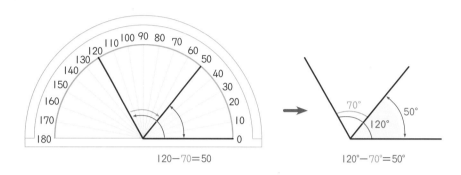

120−70=50   120°−70°=50°

1°가 120개 모인 것 중에서 70개를 뺀 것과 같으므로 120−70=50(°)입니다.

⌨ □ 안에 알맞은 수를 써넣으세요.

01

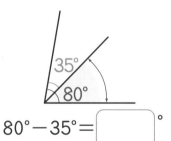

80°−35°= [ ] °

02

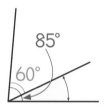

85°−60°= [ ] °

03

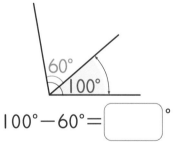

100°−60°= [ ] °

04

105°−30°= [ ] °

05

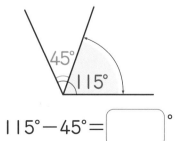

115°−45°= [ ] °

06

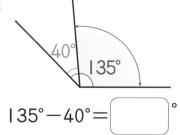

135°−40°= [ ] °

😊 각도의 차를 구하세요.

01 $70° - 35° = $ °

02 $100° - 15° = $ °

03 $130° - 85° = $ °

04 $55° - 45° = $

05 $80° - 65° = $

06 $125° - 20° = $

07 $140° - 40° = $

08 $50° - 15° = $

09 $60° - 20° = $

10 $125° - 60° = $

11 $110° - 40° = $

12 $160° - 65° = $

13 $120° - 40° = $

14 $85° - 60° = $

15 $90° - 35° = $

16 $50° - 45° = $

17 $155° - 70° = $

18 $45° - 15° = $

19 $75° - 55° = $

20 $180° - 55° = $

21 $165° - 75° = $

02 Ⓐ 직선과 한 바퀴의 각도를 이용해요

직선이 이루는 각은 180°이고, 한 바퀴의 각도는 360°입니다.
이 두 각도를 이용하여 각도의 합과 차를 계산하면 각도기로는 잴 수 없는(180°보다 큰) 각의 크기를 구할 수 있습니다.

색칠한 부분의 각도를 구해 볼까?

① 직선이 이루는 각보다 20° 더 큰 각이니 180°+20°=200°야!

② 한 바퀴의 각도보다 130° 모자른 각이니 360°−130°=230°야!

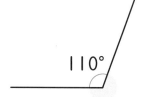

① 180°+20°=200°   ② 360°−130°=230°

🔍 색칠한 부분의 각도를 구하려고 합니다. ☐ 안에 알맞은 수를 써넣으세요.

01

☐° + 40° = ☐°

02

☐° − 110° = ☐°

03

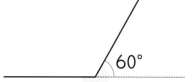

☐° + ☐° = ☐°

04

☐° − ☐° = ☐°

05

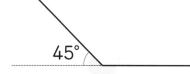

☐° + ☐° = ☐°

06

☐° − ☐° = ☐°

색칠한 부분의 각도를 구하려고 합니다. ☐ 안에 알맞은 수를 써넣으세요.

01

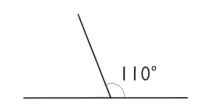

110°

$\boxed{180}$° $- \boxed{}$° $= \boxed{}$°

02

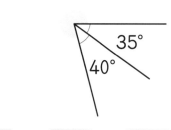

35°
40°

$\boxed{360}$° $- \boxed{}$° $- \boxed{}$° $= \boxed{}$°

03

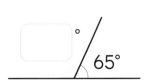

65°

04

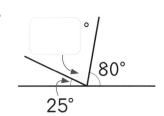

80°
25°

05

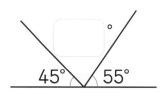

45° 55°

06

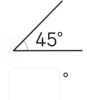

45°

07

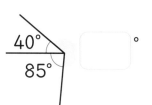

40°
85°

08

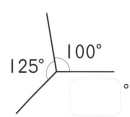

125° 100°

09

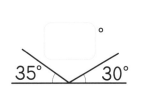

35° 30°

10

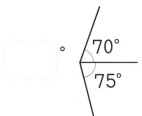

70°
75°

11

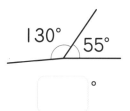

130° 55°

02 Ⓑ 직선 위의 각도를 구해요

색칠한 부분의 각도를 구하려고 합니다. ☐ 안에 알맞은 수를 써넣으세요. ∟ 는 각도가 90°라는 뜻이야!

01

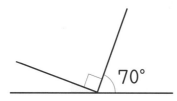

70°

$\boxed{180}°$ − $\boxed{}°$ − $\boxed{}°$ = $\boxed{}°$

02

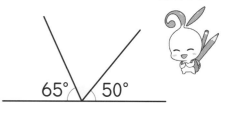

65° 50°

$\boxed{}°$ − $\boxed{}°$ − $\boxed{}°$ = $\boxed{}°$

03

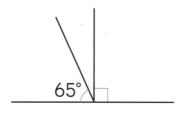

65°

$\boxed{}°$ − $\boxed{}°$ − $\boxed{}°$ = $\boxed{}°$

04

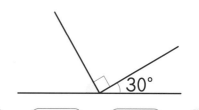

30°

$\boxed{}°$ − $\boxed{}°$ − $\boxed{}°$ = $\boxed{}°$

05

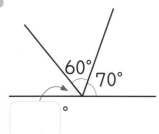

60° 70°

$\boxed{}°$

06

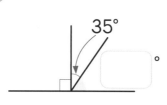

35°

$\boxed{}°$

07

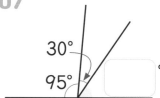

30°
95°

$\boxed{}°$

08

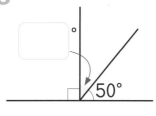

$\boxed{}°$

50°

09

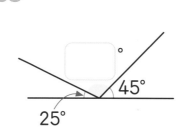

$\boxed{}°$

45°
25°

10

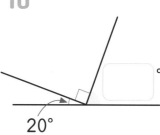

$\boxed{}°$

20°

🐰 색칠한 부분의 각도를 각각 구하려고 합니다. ☐ 안에 알맞은 수를 써넣으세요.

01

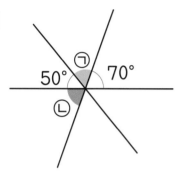

ㄱ : $\boxed{180}° - \boxed{}° - \boxed{}° = \boxed{}°$

ㄴ : $\boxed{180}° - \boxed{}^{\overset{ㄱ}{°}} - \boxed{}° = \boxed{}°$

직선 2개가 만나서
이루어지는 각 중 마주보는
각은 크기가 항상 같아!
그 이유를 생각해 볼까?

02

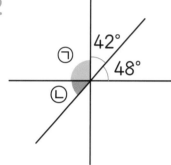

ㄱ : $\boxed{}° - \boxed{}° - \boxed{}° = \boxed{}°$

ㄴ : $\boxed{}° - \boxed{}^{\overset{ㄱ}{°}} - \boxed{}° = \boxed{}°$

03

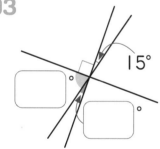

04

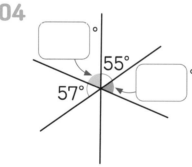

05

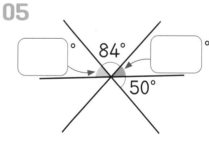

06

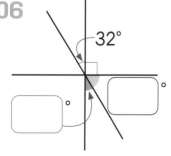

07

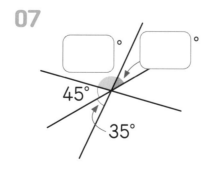

08

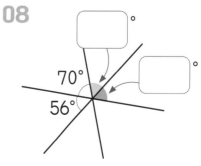

03 Ⓐ 모든 삼각형의 세 각의 크기의 합은 180°예요

삼각형의 모양이나 크기에 상관없이 삼각형의 세 각의 크기의 합은 항상 180°입니다.

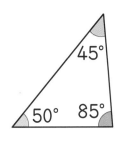

→

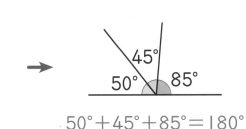

삼각형을 잘라서 세 꼭짓점이 겹치지 않게 한 점에 모이도록 붙이면 직선(180°)이 돼~!

$50° + 45° + 85° = 180°$

삼각형에서 나머지 한 각의 크기를 구하려고 합니다. □ 안에 알맞은 수를 써넣으세요.

01

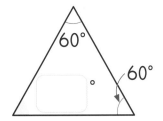

$\boxed{180}° - 60° - 60° = \boxed{}°$

02

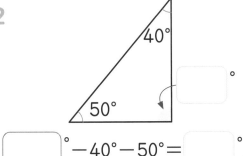

$\boxed{}° - 40° - 50° = \boxed{}°$

03

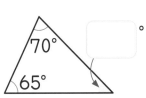

$\boxed{}° - 65° - 70° = \boxed{}°$

04

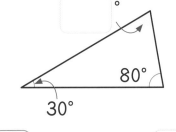

$\boxed{}° - 80° - 30° = \boxed{}°$

05

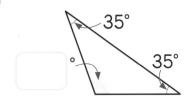

$\boxed{}° - 35° - 35° = \boxed{}°$

06

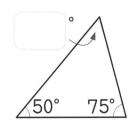

$\boxed{}° - 50° - 75° = \boxed{}°$

😀 □ 안에 알맞은 수를 써넣으세요.

01
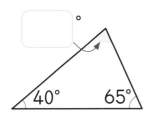

02
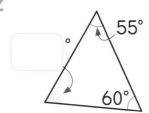

03
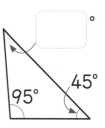

04
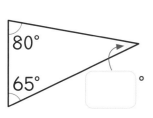

05
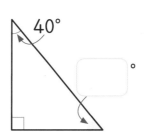

06
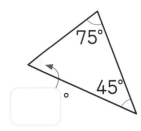

07
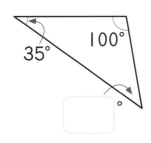

08
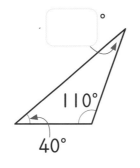

09
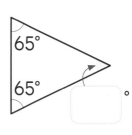

10
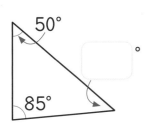

11
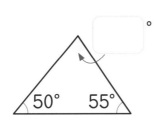

12
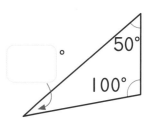

삼각형을 보고 ㉠과 ㉡의 각도의 합을 구하세요.

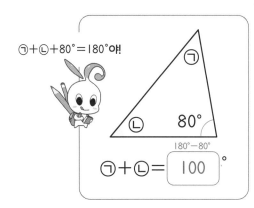

㉠+㉡+80°=180°야!

㉠ + ㉡ = [100]°   180°−80°

01

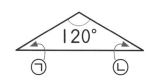

120°

㉠ + ㉡ = [　　]°

02

45°

㉠ + ㉡ = [　　]°

03

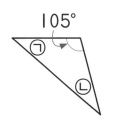

55°

㉠ + ㉡ = [　　]°

04

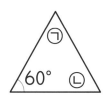

105°

㉠ + ㉡ = [　　]°

05

60°

㉠ + ㉡ = [　　]°

06

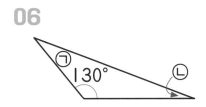

130°

㉠ + ㉡ = [　　]°

07

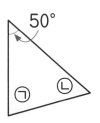

50°

㉠ + ㉡ = [　　]°

08

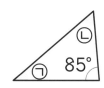

85°

㉠ + ㉡ = [　　]°

09

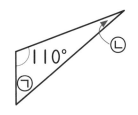

110°

㉠ + ㉡ = [　　]°

10

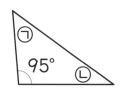

95°

㉠ + ㉡ = [　　]°

11

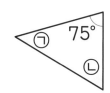

75°

㉠ + ㉡ = [　　]°

😎 삼각형의 세 각의 크기가 다음과 같을 때, 빈칸에 알맞은 수를 써넣으세요.

01 $30°+□+90°=180°$

30° □° 90°

02 85° □° 65°

03 15° □° 125°

04 75° □° 20°

05 70° □° 40°

06 110° □° 35°

07 $40°+㉠+㉡=180°$

40° ㉠ ㉡

㉠+㉡=□°

08 65° ㉠ ㉡

㉠+㉡=□°

09 135° ㉠ ㉡

㉠+㉡=□°

10 100° ㉠ ㉡

㉠+㉡=□°

11 70° ㉠ ㉡

㉠+㉡=□°

12 55° ㉠ ㉡

㉠+㉡=□°

04 A 모든 사각형의 네 각의 크기의 합은 360°예요

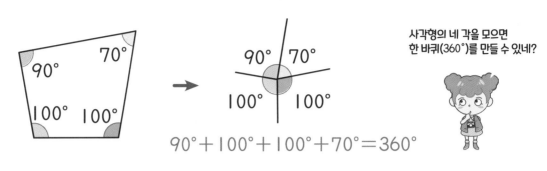

사각형의 모양이나 크기에 상관없이 사각형의 네 각의 크기의 합은 항상 360°입니다.

90° 70°
100° 100°

→

90° 70°
100° 100°

사각형의 네 각을 모으면
한 바퀴(360°)를 만들 수 있네?

$90° + 100° + 100° + 70° = 360$

사각형에서 나머지 한 각의 크기를 구하려고 합니다. □ 안에 알맞은 수를 써넣으세요.

01

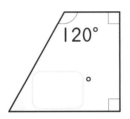
120°

$\boxed{360}° - 90° - 90° - 120° = \boxed{}°$

02

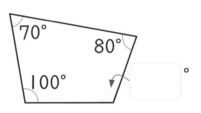
70° 80°
100°

$\boxed{}° - 70° - 80° - 100° = \boxed{}°$

03

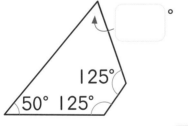
125°
50° 125°

$\boxed{}° - 50° - 125° - 125° = \boxed{}°$

04

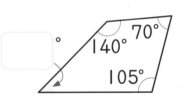
140° 70°
105°

$\boxed{}° - 140° - 105° - 70° = \boxed{}°$

05

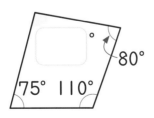
80°
75° 110°

$\boxed{}° - 80° - \boxed{}° - 75° = \boxed{}°$

06

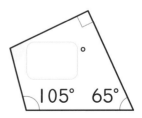
105° 65°

$\boxed{}° - 65° - \boxed{}° - 90° = \boxed{}°$

360°에서 각도를 하나씩 빼기 어려우면
먼저 주어진 세 각도를 모두 더해준 후
360°에서 그 합을 빼면 돼!

❓❗ □ 안에 알맞은 수를 써넣으세요.

01
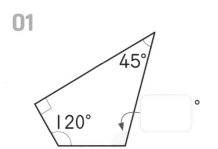
45°
120°
□°

02
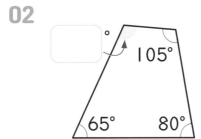
□°
105°
65° 80°

03
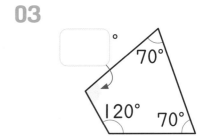
□°
70°
120° 70°

04
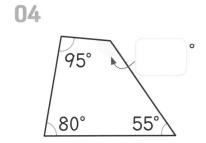
95°
□°
80° 55°

05
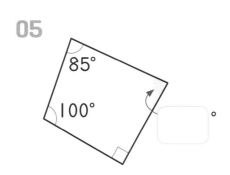
85°
100°
□°

06
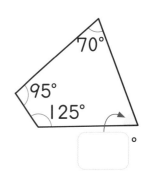
70°
95°
125°
□°

07
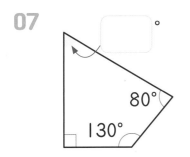
□°
80°
130°

08
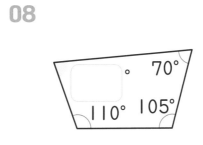
70°
□°
110° 105°

09
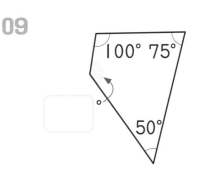
100° 75°
□°
50°

10
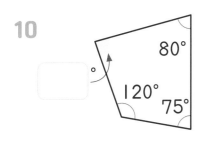
80°
□°
120° 75°

11
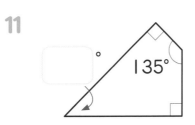
135°
□°

12
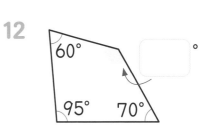
60°
□°
95° 70°

🔍 사각형을 보고 다음 각도의 합을 구하세요.

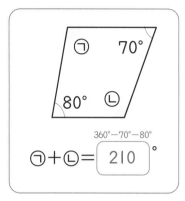

$360° - 70° - 80°$

㉠ + ㉡ = [210] °

01

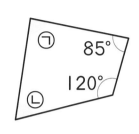

㉠ + ㉡ = [　] °

02

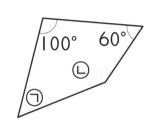

㉠ + ㉡ = [　] °

03

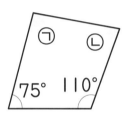

㉠ + ㉡ = [　] °

04

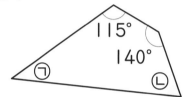

㉠ + ㉡ = [　] °

05

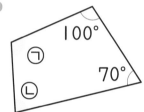

㉠ + ㉡ = [　] °

06

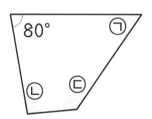

㉠ + ㉡ + ㉢ = [　] °

07

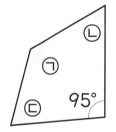

㉠ + ㉡ + ㉢ = [　] °

08

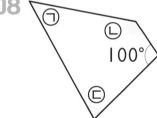

㉠ + ㉡ + ㉢ = [　] °

09

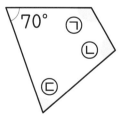

㉠ + ㉡ + ㉢ = [　] °

10

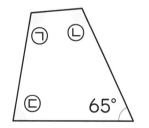

㉠ + ㉡ + ㉢ = [　] °

11

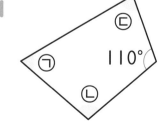

㉠ + ㉡ + ㉢ = [　] °

사각형의 네 각의 크기가 다음과 같을 때, 빈칸에 알맞은 수를 써넣으세요.

$40° + 85° + □ + 75° = 360°$

01

| 40° | 85° | [ ]° | 75° |

02

| 50° | [ ]° | 65° | 115° |

03

| 125° | [ ]° | 50° | 95° |

04

| 30° | [ ]° | 90° | 90° |

05

| 85° | [ ]° | 40° | 155° |

06

| 100° | [ ]° | 50° | 65° |

07

| 70° | 70° | ㉠ | ㉡ |

㉠ + ㉡ = [ ]°

08

| 95° | 110° | ㉠ | ㉡ |

㉠ + ㉡ = [ ]°

09

| 105° | 45° | ㉠ | ㉡ |

㉠ + ㉡ = [ ]°

10

| 55° | 80° | ㉠ | ㉡ |

㉠ + ㉡ = [ ]°

11

| ㉠ | 125° | ㉡ | ㉢ |

㉠ + ㉡ + ㉢ = [ ]°

12

| ㉠ | 75° | ㉡ | ㉢ |

㉠ + ㉡ + ㉢ = [ ]°

05 Ⓐ 이어 붙인 직각 삼각자에서 각의 크기를 구해요

우리가 사용하는 두 가지 종류의 직각 삼각자는 다음과 같은 삼각형과 사각형을 각각 이등분하여 만들어집니다.

이등분하기 전 삼각형의 세 변의 길이와 사각형의 네 변의 길이는 각각 모두 같아!

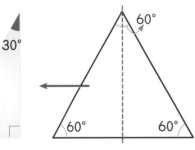
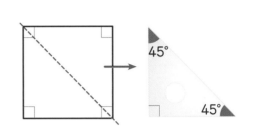

두 직각 삼각자를 이어 붙인 그림입니다. ㉠의 각도를 구하세요.

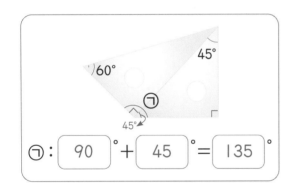

㉠ : [90]° + [45]° = [135]°

01

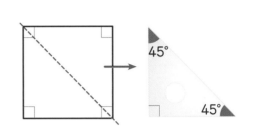

㉠ : [　]° + [　]° = [　]°

02

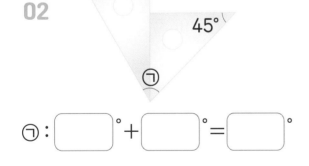

㉠ : [　]° + [　]° = [　]°

03

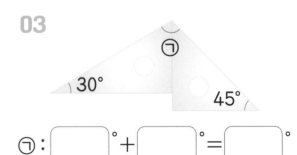

㉠ : [　]° + [　]° = [　]°

04

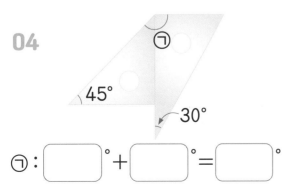

㉠ : [　]° + [　]° = [　]°

05

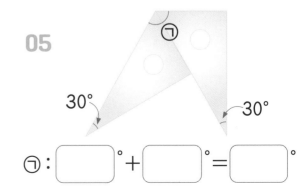

㉠ : [　]° + [　]° = [　]°

🐣 두 직각 삼각자를 이어 붙인 그림입니다. ㉠의 각도를 구하세요.

01

45°
㉠
45°

㉠ : [　　] °

02

㉠
45°　45°

㉠ : [　　] °

03

45°
㉠
30°

㉠ : [　　] °

04

60°
㉠
45°

㉠ : [　　] °

05

㉠
30°
60°

㉠ : [　　] °

06

30°
45°
㉠

㉠ : [　　] °

07

㉠
60°
60°

㉠ : [　　] °

08

㉠
30°
45°

㉠ : [　　] °

05 Ⓑ 겹쳐진 직각 삼각자에서 각의 크기를 구해요

💡 다음과 같은 두 개의 직각 삼각자로 만들어진 ㉠의 각도를 구하세요.

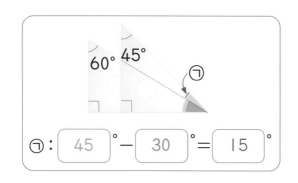

㉠ : [45]° − [30]° = [15]°

01

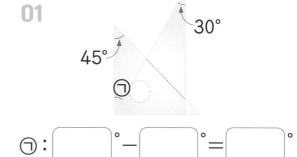

㉠ : [   ]° − [   ]° = [   ]°

02

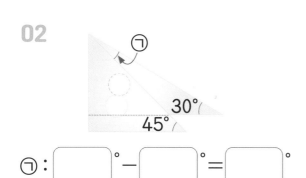

㉠ : [   ]° − [   ]° = [   ]°

03

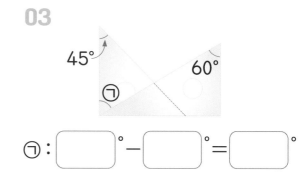

㉠ : [   ]° − [   ]° = [   ]°

04

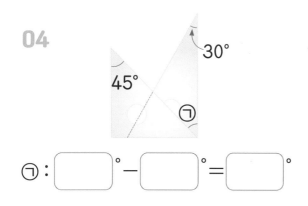

㉠ : [   ]° − [   ]° = [   ]°

05

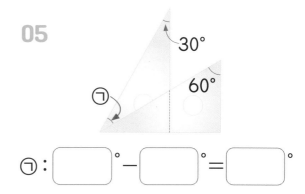

㉠ : [   ]° − [   ]° = [   ]°

06

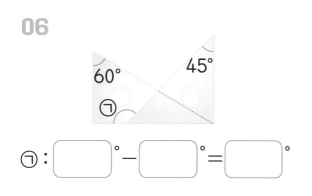

㉠ : [   ]° − [   ]° = [   ]°

07

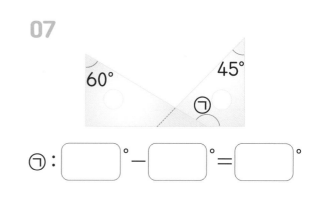

㉠ : [   ]° − [   ]° = [   ]°

😊 다음과 같은 두 개의 직각 삼각자로 만들어진 각도를 구하세요.

삼각형의 세 각의 크기의 합, 사각형의 네 각의 크기의 합을 이용하여 구해 보자!

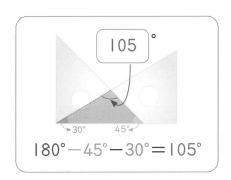

$180° - 45° - 30° = 105°$

01

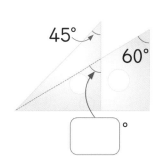

02

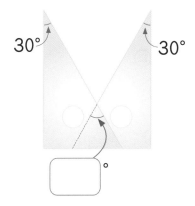

03

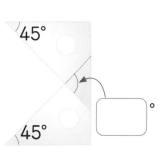

04

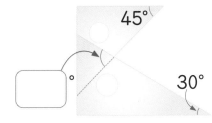

05

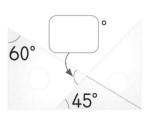

06

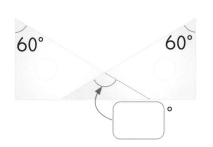

07

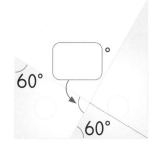

06 Ⓐ 삼각형의 나머지 한 각을 먼저 구해요

삼각형 밖에 있는 각 ⓛ을 구하기 위해서는 삼각형의 나머지 한 각 ⓐ을 먼저 구해야 합니다.

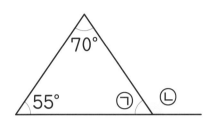

ⓐ : 삼각형의 세 각의 크기의 합이 180°이므로
180°−70°−55°=55°입니다.

ⓛ : 직선이 이루는 각의 크기는 180°이므로
180°−55°=125°입니다.

🎈 삼각형을 보고 ⓐ과 ⓛ의 각도를 각각 구하세요.

01

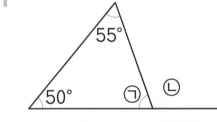

ⓐ : [ ]° , ⓛ : [ ]°

180°−55°−50°   180°−ⓐ

02

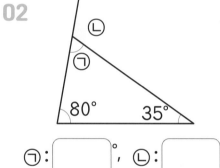

ⓐ : [ ]° , ⓛ : [ ]°

03

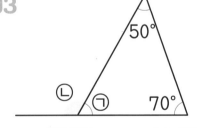

ⓐ : [ ]° , ⓛ : [ ]°

04

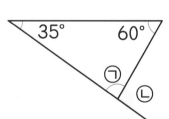

ⓐ : [ ]° , ⓛ : [ ]°

05

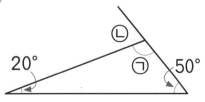

ⓐ : [ ]° , ⓛ : [ ]°

06

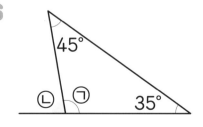

ⓐ : [ ]° , ⓛ : [ ]°

1 PART

🙋 색칠한 부분의 각도를 구하려고 합니다. □ 안에 알맞은 수를 써넣으세요.

01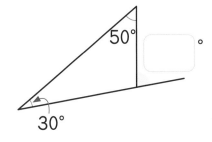

02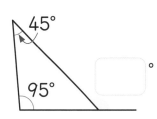

03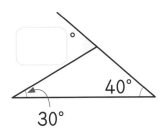

04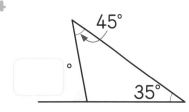

05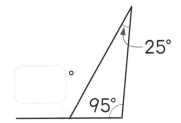

06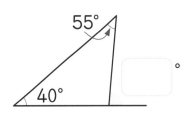

07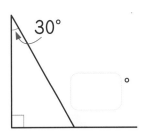

08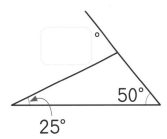

09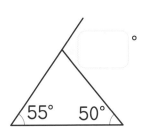

10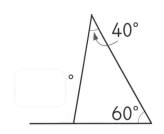

사각형 밖에 있는 각 ⓛ을 구하기 위해서는 사각형의 나머지 한 각 ㉠을 먼저 구해야 합니다.

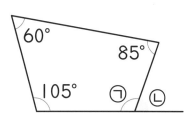

㉠ : 사각형의 네 각의 크기의 합이 360°이므로
360° − 60° − 105° − 85° = 110°입니다.

ⓛ : 직선이 이루는 각의 크기는 180°이므로
180° − 110° = 70°입니다.

사각형을 보고 ㉠과 ⓛ의 각도를 각각 구하세요.

360°에서 빼야 하는지
180°에서 빼야 하는지
헷갈리지 말자!

01

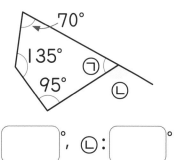

㉠ : [   ]° , ⓛ : [   ]°

360°−70°−135°−95°   180°−㉠

02

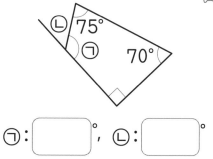

㉠ : [   ]° , ⓛ : [   ]°

03

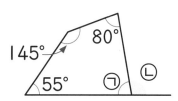

㉠ : [   ]° , ⓛ : [   ]°

04

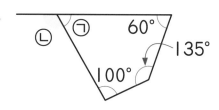

㉠ : [   ]° , ⓛ : [   ]°

05

㉠ : [   ]° , ⓛ : [   ]°

06

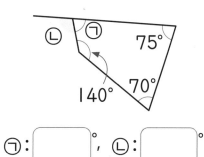

㉠ : [   ]° , ⓛ : [   ]°

🐰 색칠한 부분의 각도를 구하려고 합니다. ☐ 안에 알맞은 수를 써넣으세요.

01

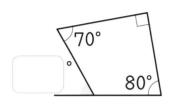

02

03

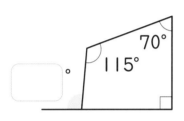

04

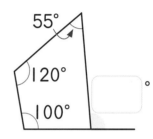

05

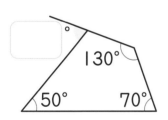

06

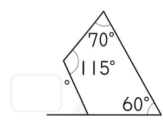

07

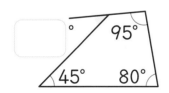

08

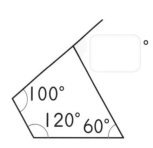

09

10

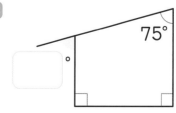

🅐 두 시곗바늘이 이루는 각도를 구해요

시계의 연이은 두 숫자 사이의 각도는 30°입니다.

연이은 숫자 사이의 각도는 30°이니까 3시와 9시는 모두 90°를 나타내겠네!

한 바퀴가 이루는 각도 : 360°

↓

반 바퀴(12부터 6까지)가 이루는 각도 : 180°

↓

숫자와 숫자 사이의 각도 : 180°÷6＝30°

❓ 시계의 긴바늘과 짧은바늘이 이루는 작은 쪽의 각도를 구하세요.

01

⬜°

02

⬜°

03

⬜°

04

⬜°

05

⬜°

06

⬜°

07

⬜°

08

⬜°

09

⬜°

🦗 시각에 맞게 시곗바늘을 그리고, 시계의 긴바늘과 짧은바늘이 이루는 작은 쪽의 각도를 구하세요.

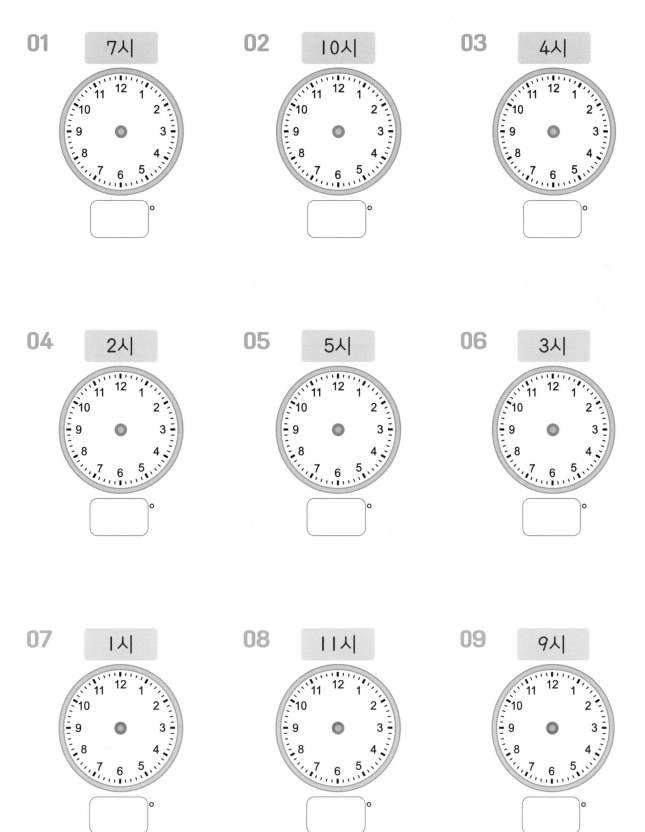

01 7시

02 10시

03 4시

04 2시

05 5시

06 3시

07 1시

08 11시

09 9시

두 각도의 합과 차를 구하세요.

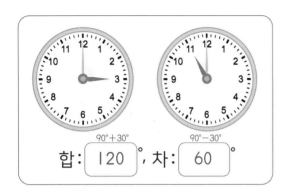

90°+30° 90°−30°

합: 120 °, 차: 60 °

01

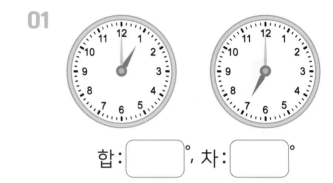

합: ⬚°, 차: ⬚°

02

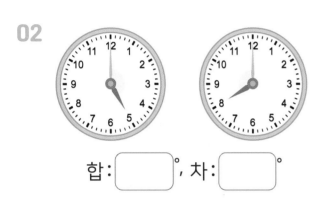

합: ⬚°, 차: ⬚°

03

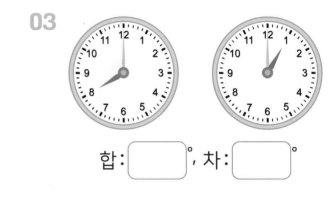

합: ⬚°, 차: ⬚°

04

합: ⬚°, 차: ⬚°

05

합: ⬚°, 차: ⬚°

06

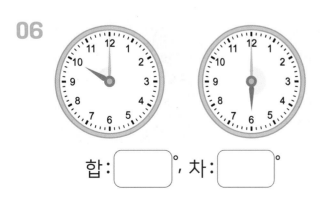

합: ⬚°, 차: ⬚°

07

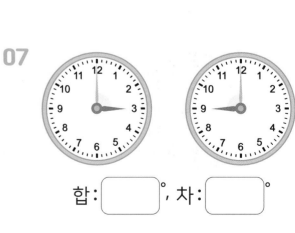

합: ⬚°, 차: ⬚°

🐌 두 각도의 합과 차를 구하세요.

01

합 : ▢°, 차 : ▢°

02

합 : ▢°, 차 : ▢°

03

합 : ▢°, 차 : ▢°

04

합 : ▢°, 차 : ▢°

05

합 : ▢°, 차 : ▢°

06

합 : ▢°, 차 : ▢°

07

합 : ▢°, 차 : ▢°

08

합 : ▢°, 차 : ▢°

각도 연습

🎵 색칠한 부분의 각도를 구하려고 합니다. □ 안에 알맞은 수를 써넣으세요.

01

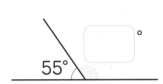

02

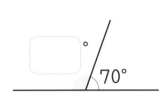

03

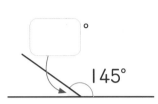

04

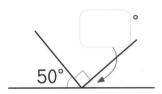

05

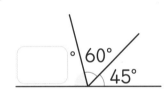

06

07

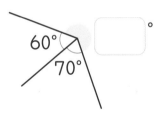

08

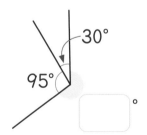

09

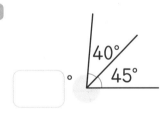

10

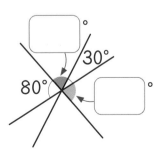

11

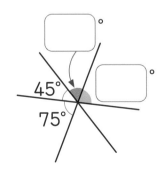

12

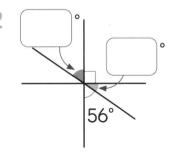

🔍 색칠한 부분의 각도를 구하려고 합니다. ☐ 안에 알맞은 수를 써넣으세요.

01
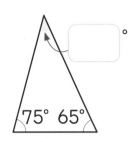

02
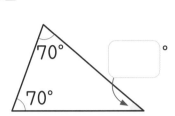

03
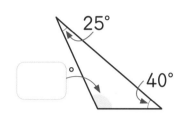

04
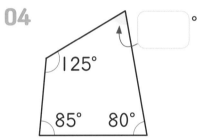

05
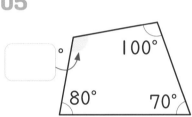

06
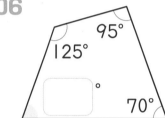

07
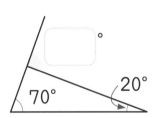

08
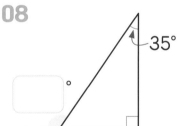

09
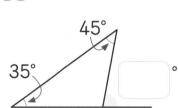

10
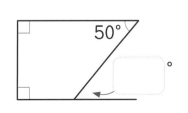

11
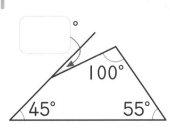

12
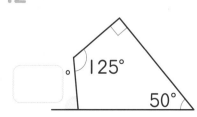

01 각의 크기가 가장 작은 각에 △표, 가장 큰 각에 ○표 하세요.

(   )   (   )   (   )

02 주어진 각도의 각을 각도기 위에 그려 보세요.

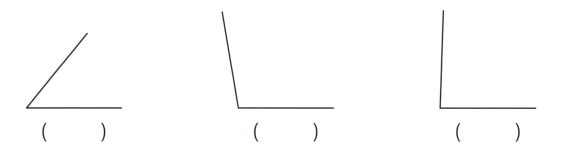

130°   80°

03 시각에 맞게 시곗바늘을 그리고, 시계의 긴바늘과 짧은바늘이 이루는 작은 쪽의 각도를 구하세요.

2시   9시

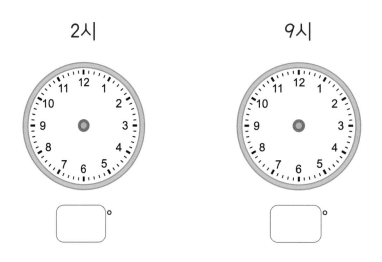

04 각도의 합과 차를 구하세요.

$75° + 45° =$ $125° - 40° =$

$90° + 35° =$ $100° - 65° =$

05 □ 안에 알맞은 수를 써넣으세요.

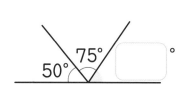 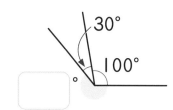 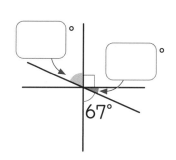

06 □ 안에 알맞은 수를 써넣으세요.

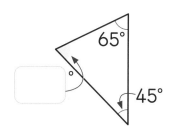  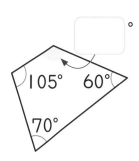

07 □ 안에 알맞은 수를 써넣으세요.

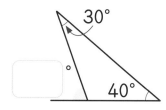 

삼각형의 세 각의 크기의 합을 이용하여 오각형의 다섯 각의 크기의 합을 구했습니다.

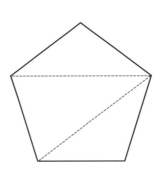

오각형의 다섯 각의 크기의 합 = 삼각형의 세 각의 크기의 합 × 3
= 180° × 3 = 540°

같은 방법으로 팔각형의 여덟 각의 크기의 합을 구하세요.

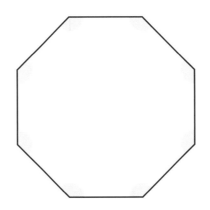

곱셈

⚠ 차시별로 정답률을 확인하고, 성취도에 ○표 하세요.

😊 80% 이상 맞혔어요.   😐 60%~80% 맞혔어요.   😞 60% 이하 맞혔어요.

차시	단원	성취도		
9	0이 많은 곱셈	😊	😐	😞
10	(세 자리 수)×(몇십)	😊	😐	😞
11	(세 자리 수)×(두 자리 수)	😊	😐	😞
12	(세 자리 수)×(두 자리 수) 세로셈	😊	😐	😞
13	(세 자리 수)×(두 자리 수) 연습	😊	😐	😞
14	곱셈 연습	😊	😐	😞

큰 수의 곱셈은 각 자리별로 나누어 계산합니다.

(몇백)×(몇십)이나 (몇백 몇십)×(몇십)은 각각 (몇)×(몇), (몇십몇)×(몇)을 계산한 값 뒤에 두 수의 0의 개수만큼 0을 붙인 것과 같습니다.

(몇)×(몇)이나
(몇십몇)×(몇)을 계산해서
0이 나오는 경우를 조심하자!

$500 \times 60 = 30000$

$270 \times 40 = 10800$

🔑 □ 안에 알맞은 수를 써넣으세요.

01 $4 \times 5 = \boxed{}$

$4 \times 50 = \boxed{}$ 10배

$40 \times 50 = \boxed{}$ 100배

$400 \times 50 = \boxed{}$ 1000배

02 $33 \times 4 = \boxed{}$

$33 \times 40 = \boxed{}$ 10배

$330 \times 40 = \boxed{}$ 100배

03 $6 \times 9 = \boxed{}$

$6 \times 90 = \boxed{}$

$60 \times 90 = \boxed{}$

$600 \times 90 = \boxed{}$

04 $72 \times 8 = \boxed{}$

$72 \times 80 = \boxed{}$

$720 \times 80 = \boxed{}$

05 $8 \times 3 = \boxed{}$

$8 \times 30 = \boxed{}$

$80 \times 30 = \boxed{}$

$800 \times 30 = \boxed{}$

06 $16 \times 6 = \boxed{}$

$16 \times 60 = \boxed{}$

$160 \times 60 = \boxed{}$

🖋 계산하세요.

01 $500 \times 80 =$

02 $600 \times 20 =$

03 $300 \times 10 =$

04 $900 \times 40 =$

05 $700 \times 50 =$

06 $800 \times 80 =$

07 $600 \times 50 =$

08 $200 \times 30 =$

09 $520 \times 60 =$

10 $710 \times 70 =$

11 $540 \times 80 =$

12 $120 \times 50 =$

13 $940 \times 20 =$

14 $350 \times 60 =$

15 $270 \times 90 =$

16 $440 \times 30 =$

09 B 0을 빼고 계산한 다음, 0을 붙여요

계산하세요.

$$
\begin{array}{r}
3\,0\,0 \\
\times \quad 7\,0 \\
\hline
2\,1\,0\,0\,0
\end{array}
$$

01
$$
\begin{array}{r}
2\,0\,0 \\
\times \quad 5\,0 \\
\hline
\end{array}
$$

02
$$
\begin{array}{r}
4\,0\,0 \\
\times \quad 8\,0 \\
\hline
\end{array}
$$

03
$$
\begin{array}{r}
1\,0\,0 \\
\times \quad 8\,0 \\
\hline
\end{array}
$$

04
$$
\begin{array}{r}
2\,0\,0 \\
\times \quad 9\,0 \\
\hline
\end{array}
$$

05
$$
\begin{array}{r}
8\,0\,0 \\
\times \quad 6\,0 \\
\hline
\end{array}
$$

06
$$
\begin{array}{r}
7\,0\,0 \\
\times \quad 6\,0 \\
\hline
\end{array}
$$

07
$$
\begin{array}{r}
4\,0\,0 \\
\times \quad 5\,0 \\
\hline
\end{array}
$$

08
$$
\begin{array}{r}
5\,0\,0 \\
\times \quad 3\,0 \\
\hline
\end{array}
$$

09
$$
\begin{array}{r}
7\,0\,0 \\
\times \quad 4\,0 \\
\hline
\end{array}
$$

10
$$
\begin{array}{r}
3\,0\,0 \\
\times \quad 9\,0 \\
\hline
\end{array}
$$

11
$$
\begin{array}{r}
6\,0\,0 \\
\times \quad 9\,0 \\
\hline
\end{array}
$$

12
$$
\begin{array}{r}
8\,0\,0 \\
\times \quad 2\,0 \\
\hline
\end{array}
$$

13
$$
\begin{array}{r}
1\,0\,0 \\
\times \quad 9\,0 \\
\hline
\end{array}
$$

14
$$
\begin{array}{r}
3\,0\,0 \\
\times \quad 7\,0 \\
\hline
\end{array}
$$

🐌 계산하세요.

```
      4 4 0
  ×     5 0
  2 2 0 0 0
```

01
```
      2 3 0
  ×     8 0
```

02
```
      5 7 0
  ×     9 0
```

03
```
      1 5 0
  ×     9 0
```

04
```
      3 3 0
  ×     6 0
```

05
```
      6 8 0
  ×     4 0
```

06
```
      6 7 0
  ×     7 0
```

07
```
      2 5 0
  ×     4 0
```

08
```
      3 4 0
  ×     5 0
```

09
```
      4 7 0
  ×     2 0
```

10
```
      3 9 0
  ×     8 0
```

11
```
      9 1 0
  ×     6 0
```

12
```
      7 1 0
  ×     8 0
```

13
```
      1 8 0
  ×     4 0
```

14
```
      2 7 0
  ×     4 0
```

(세 자리 수)×(몇)을 먼저 계산해요

> (세 자리 수)×(몇십)은 (세 자리 수)×(몇)의 10배이므로 (세 자리 수)×(몇)을 계산한 값 뒤에 0을 한 개 붙인 것과 같습니다.
>
> $$712 \times 6 = 4272 \qquad 712 \times 60 = 712 \times 6 \times 10$$
> $$= 4272 \times 10$$
> $$= 42720$$

☝️ □ 안에 알맞은 수를 써넣으세요.

01

$295 \times 2 =$ ☐   10배

$295 \times 20 =$ ☐   10배

02

$118 \times 6 =$ ☐

$118 \times 60 =$ ☐

03

$374 \times 5 =$ ☐

$374 \times 50 =$ ☐

04

$677 \times 4 =$ ☐

$677 \times 40 =$ ☐

05

$911 \times 3 =$ ☐

$911 \times 30 =$ ☐

06

$447 \times 7 =$ ☐

$447 \times 70 =$ ☐

07

$618 \times 5 =$ ☐

$618 \times 50 =$ ☐

08

$107 \times 8 =$ ☐

$107 \times 80 =$ ☐

09

$841 \times 9 =$ ☐

$841 \times 90 =$ ☐

10

$303 \times 6 =$ ☐

$303 \times 60 =$ ☐

11

$476 \times 3 =$ ☐

$476 \times 30 =$ ☐

12

$724 \times 8 =$ ☐

$724 \times 80 =$ ☐

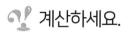 계산하세요.

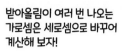 받아올림이 여러 번 나오는
가로셈은 세로셈으로 바꾸어
계산해 보자!

01 $417 \times 90 =$

02 $648 \times 20 =$

03 $199 \times 40 =$

04 $405 \times 90 =$

05 $437 \times 50 =$

06 $983 \times 70 =$

07 $364 \times 20 =$

08 $586 \times 60 =$

09 $227 \times 30 =$

10 $107 \times 80 =$

11 $649 \times 40 =$

12 $565 \times 20 =$

13 $867 \times 60 =$

14 $991 \times 70 =$

15 $222 \times 10 =$

16 $555 \times 50 =$

10 Ⓑ 자리를 맞추어 답을 적어요

계산하세요.

일의 자리에 0이 들어가니
자리 맞춰 쓸 때 실수하지
않도록 조심하자!

```
      5 6 1
  ×     8 0
  4 4 8 8 0
```

01
```
      4 5 1
  ×     7 0
```

02
```
      6 1 8
  ×     4 0
```

03
```
      2 5 9
  ×     9 0
```

04
```
      7 1 7
  ×     6 0
```

05
```
      3 0 8
  ×     5 0
```

06
```
      8 8 6
  ×     2 0
```

07
```
      1 5 9
  ×     3 0
```

08
```
      4 3 2
  ×     9 0
```

09
```
      2 6 3
  ×     9 0
```

10
```
      5 5 7
  ×     8 0
```

11
```
      5 1 8
  ×     4 0
```

12
```
      3 8 4
  ×     7 0
```

13
```
      2 6 5
  ×     5 0
```

14
```
      1 1 6
  ×     6 0
```

2
PART

🐌 계산하세요.

01
```
    3 5 8
  ×   3 0
```

02
```
    2 9 9
  ×   4 0
```

03
```
    7 1 5
  ×   6 0
```

04
```
    5 2 3
  ×   8 0
```

05
```
    4 4 9
  ×   2 0
```

06
```
    1 2 3
  ×   4 0
```

07
```
    3 6 1
  ×   7 0
```

08
```
    8 4 7
  ×   9 0
```

09
```
    4 2 9
  ×   9 0
```

10
```
    9 5 2
  ×   3 0
```

11
```
    5 4 8
  ×   5 0
```

12
```
    2 1 8
  ×   2 0
```

13
```
    1 9 8
  ×   7 0
```

14
```
    6 5 5
  ×   6 0
```

15
```
    8 7 9
  ×   1 0
```

Ⓐ 수를 쪼개어 곱하고, 나온 수를 모두 더해요

(세 자리 수)×(두 자리 수)는 자리를 나누어 곱하고, 나온 결과를 모두 더하여 계산합니다.

| 318 | 318 | 318 | 318 | 318 | 318 | 318 | 318 | 318 | 318 | 318 | 318 |
| 318 | 318 | 318 | 318 | 318 | 318 | 318 | 318 | 318 | 318 | 318 | 318 |

$$318 \times 24 = (318 \times 20) + (318 \times 4)$$
$$= 6360 + 1272 = 7632$$

□ 안에 알맞은 수를 써넣으세요.

01 $523 \times 47 = (523 \times \boxed{}) + (523 \times \boxed{}) = \boxed{} + \boxed{} = \boxed{}$

02 $449 \times 13 = (449 \times \boxed{}) + (449 \times \boxed{}) = \boxed{} + \boxed{} = \boxed{}$

03 $167 \times 38 = (167 \times \boxed{}) + (167 \times \boxed{}) = \boxed{} + \boxed{} = \boxed{}$

04 $908 \times 29 = (908 \times \boxed{}) + (908 \times \boxed{}) = \boxed{} + \boxed{} = \boxed{}$

05 $369 \times 36 = (369 \times \boxed{}) + (369 \times \boxed{}) = \boxed{} + \boxed{} = \boxed{}$

06 $281 \times 56 = (281 \times \boxed{}) + (281 \times \boxed{}) = \boxed{} + \boxed{} = \boxed{}$

07 $674 \times 24 = (674 \times \boxed{}) + (674 \times \boxed{}) = \boxed{} + \boxed{} = \boxed{}$

🐤 □ 안에 알맞은 수를 써넣으세요.

01 $167 \times 23 = \boxed{} + \boxed{}$
$= \boxed{}$

02 $644 \times 18 = \boxed{} + \boxed{}$
$= \boxed{}$

03 $379 \times 64 = \boxed{} + \boxed{}$
$= \boxed{}$

04 $426 \times 37 = \boxed{} + \boxed{}$
$= \boxed{}$

05 $707 \times 25 = \boxed{} + \boxed{}$
$= \boxed{}$

06 $945 \times 71 = \boxed{} + \boxed{}$
$= \boxed{}$

07 $258 \times 77 = \boxed{} + \boxed{}$
$= \boxed{}$

08 $531 \times 53 = \boxed{} + \boxed{}$
$= \boxed{}$

09 $841 \times 68 = \boxed{} + \boxed{}$
$= \boxed{}$

10 $311 \times 46 = \boxed{} + \boxed{}$
$= \boxed{}$

11 $188 \times 15 = \boxed{} + \boxed{}$
$= \boxed{}$

12 $632 \times 35 = \boxed{} + \boxed{}$
$= \boxed{}$

13 $493 \times 31 = \boxed{} + \boxed{}$
$= \boxed{}$

14 $514 \times 92 = \boxed{} + \boxed{}$
$= \boxed{}$

11 Ⓑ 자리별 계산이 어려울 땐 세로셈을 이용해요

계산하세요.

01

$254 \times 83 =$

| 254 $\times\ 80$ 20320 | 254 $\times\ \ 3$ 762 |

02

$616 \times 27 =$

03

$554 \times 32 =$

04

$168 \times 75 =$

05

$346 \times 51 =$

06

$498 \times 16 =$

07

$377 \times 64 =$

08

$924 \times 34 =$

09

$876 \times 42 =$

10

$149 \times 99 =$

11

$516 \times 58 =$

12

$269 \times 14 =$

😊 계산하세요.

01 $617 \times 33 =$

02 $119 \times 58 =$

03 $348 \times 61 =$

04 $277 \times 74 =$

05 $253 \times 49 =$

06 $542 \times 25 =$

07 $736 \times 28 =$

08 $405 \times 55 =$

09 $238 \times 96 =$

10 $686 \times 83 =$

11 $128 \times 29 =$

12 $443 \times 14 =$

13 $593 \times 72 =$

14 $309 \times 77 =$

12 A 세로셈도 자리별로 곱해요

(세 자리 수)×(몇), (세 자리 수)×(몇십)을 차례로 계산한 후 두 곱을 더하여 계산합니다.

		5	6	4
×			1	2
1	1	2	8	

→

		5	6	4
×			1	2
1	1	2	8	
	5	6	4	

→

		5	6	4
×			1	2
1	1	2	8	
	5	6	4	
6	7	6	8	

🎵 계산하세요.

01

	1	1	2
×		4	7

02

	2	5	8
×		3	5

03

	1	9	4
×		4	2

04

	4	2	8
×		1	8

05

	2	8	9
×		2	9

06

	3	1	2
×		2	4

07

	1	0	7
×		6	3

08

	3	8	4
×		1	1

✏️ 계산하세요.

01
```
    2 2 5
  ×   2 6
```

02
```
    1 8 5
  ×   4 8
```

03
```
    5 6 2
  ×   1 1
```

04
```
    4 8 8
  ×   1 6
```

05
```
    3 9 2
  ×   2 3
```

06
```
    1 7 1
  ×   5 3
```

07
```
    2 0 9
  ×   3 9
```

08
```
    6 4 2
  ×   1 2
```

09
```
    5 5 2
  ×   1 3
```

10
```
    2 1 9
  ×   2 7
```

11
```
    3 1 5
  ×   1 5
```

12
```
    4 2 3
  ×   2 2
```

13
```
    1 1 3
  ×   6 9
```

14
```
    3 3 8
  ×   2 4
```

15
```
    1 7 7
  ×   3 4
```

16
```
    4 5 8
  ×   1 3
```

12 B 만의 자리로 넘어갈 때는 더 집중해 볼까요?

계산하세요.

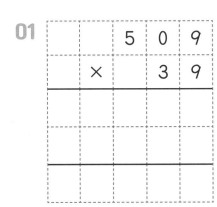

01

```
      5 0 9
  ×     3 9
```

02

```
      1 5 2
  ×     8 8
```

03

```
      9 3 3
  ×     2 7
```

04

```
      4 6 1
  ×     6 9
```

05

```
      3 7 5
  ×     5 1
```

06

```
      2 1 9
  ×     7 4
```

07

```
      3 2 6
  ×     3 8
```

08

```
      5 8 8
  ×     3 2
```

09

```
      6 7 4
  ×     1 9
```

10

```
      4 4 3
  ×     5 1
```

11

```
      2 9 6
  ×     4 6
```

계산하세요.

01
```
    4 5 8
×     3 1
```

02
```
    4 1 1
×     2 5
```

03
```
    3 8 3
×     6 4
```

04
```
    1 2 3
×     7 7
```

05
```
    2 4 3
×     2 7
```

06
```
    5 0 3
×     4 8
```

07
```
    2 6 1
×     9 1
```

08
```
    1 5 4
×     1 9
```

09
```
    7 7 7
×     3 3
```

10
```
    3 5 5
×     4 2
```

11
```
    4 4 7
×     3 2
```

12
```
    8 1 8
×     5 6
```

13
```
    3 2 8
×     7 4
```

14
```
    6 4 5
×     6 7
```

15
```
    1 7 9
×     4 3
```

🔢 계산하세요.

01
```
    9 5 0
  ×   2 0
```

02
```
    2 6 4
  ×   1 9
```

03
```
    3 9 9
  ×   4 9
```

04
```
    5 3 8
  ×   6 1
```

05
```
    4 0 0
  ×   3 5
```

06
```
    7 1 7
  ×   3 2
```

07
```
    1 6 8
  ×   7 3
```

08
```
    7 5 5
  ×   4 6
```

09
```
    3 2 1
  ×   8 4
```

10
```
    3 2 7
  ×   1 4
```

11
```
    4 8 3
  ×   5 8
```

12
```
    1 7 4
  ×   3 2
```

13
```
    9 2 1
  ×   8 0
```

14
```
    1 0 1
  ×   1 1
```

15
```
    8 2 0
  ×   2 3
```

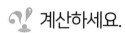
🐰 계산하세요.

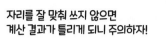
2 PART

01
```
    2 0 8
×     3 6
```

02
```
    5 1 2
×     5 5
```

03
```
    4 9 3
×     2 4
```

04
```
    7 2 3
×     1 7
```

05
```
    5 4 5
×     7 0
```

06
```
    3 7 2
×     2 8
```

07
```
    2 5 3
×     4 1
```

08
```
    6 4 8
×     7 9
```

09
```
    2 7 4
×     3 2
```

10
```
    4 2 8
×     1 6
```

11
```
    7 2 5
×     3 9
```

12
```
    2 3 6
×     5 2
```

13
```
    3 5 5
×     2 1
```

14
```
    8 8 1
×     6 9
```

15
```
    9 2 4
×     4 0
```

13 B 계산 결과를 비교해요

다음을 계산하고, 계산 결과가 가장 큰 식에 ○표 하세요.

01

$$
\begin{array}{r}
827 \\
\times \quad 30 \\
\hline
\end{array}
$$

$$
\begin{array}{r}
617 \\
\times \quad 42 \\
\hline
\end{array}
$$

$$
\begin{array}{r}
351 \\
\times \quad 73 \\
\hline
\end{array}
$$

$$
\begin{array}{r}
499 \\
\times \quad 48 \\
\hline
\end{array}
$$

02

$$
\begin{array}{r}
752 \\
\times \quad 48 \\
\hline
\end{array}
$$

$$
\begin{array}{r}
429 \\
\times \quad 85 \\
\hline
\end{array}
$$

$$
\begin{array}{r}
580 \\
\times \quad 60 \\
\hline
\end{array}
$$

$$
\begin{array}{r}
387 \\
\times \quad 95 \\
\hline
\end{array}
$$

03

$$
\begin{array}{r}
208 \\
\times \quad 66 \\
\hline
\end{array}
$$

$$
\begin{array}{r}
425 \\
\times \quad 31 \\
\hline
\end{array}
$$

$$
\begin{array}{r}
392 \\
\times \quad 37 \\
\hline
\end{array}
$$

$$
\begin{array}{r}
333 \\
\times \quad 42 \\
\hline
\end{array}
$$

🐌 다음을 계산하고, 계산 결과가 가장 작은 식에 △표 하세요.

2 PART

01

6 2 6 × 5 8	9 0 0 × 4 2	5 5 4 × 7 0	3 8 9 × 9 6

02

7 7 6 × 6 9	6 3 5 × 8 9	8 1 5 × 6 6	5 8 8 × 9 1

03

2 5 1 × 8 4	4 0 9 × 4 8	6 2 9 × 3 5	3 3 4 × 7 1

04

1 1 8 × 5 5	2 3 6 × 2 3	3 0 8 × 1 8	2 4 7 × 2 4

😀 계산하세요.

01 $379 \times 41 =$

02 $505 \times 87 =$

03 $672 \times 40 =$

04 $992 \times 18 =$

05 $237 \times 39 =$

06 $418 \times 75 =$

07 $178 \times 52 =$

08 $770 \times 90 =$

09 $600 \times 80 =$

10 $493 \times 26 =$

11 $325 \times 25 =$

12 $674 \times 13 =$

13 $256 \times 39 =$

14 $123 \times 45 =$

🔍 시소는 곱이 더 큰 쪽으로 기울어집니다. 시소가 기울어지는 쪽에 ◯표 하세요.

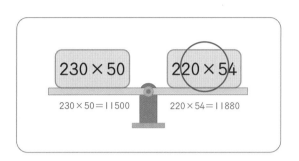

230×50 220×54

$230 \times 50 = 11500$ $220 \times 54 = 11880$

01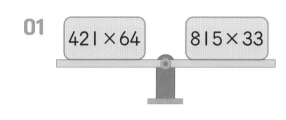

421×64 815×33

02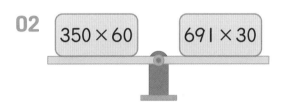

350×60 691×30

03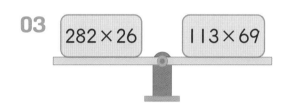

282×26 113×69

04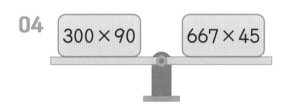

300×90 667×45

05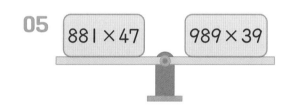

881×47 989×39

06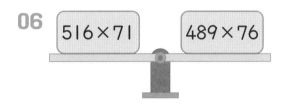

516×71 489×76

07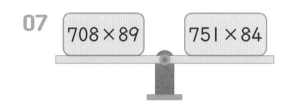

708×89 751×84

08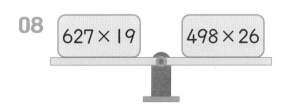

627×19 498×26

09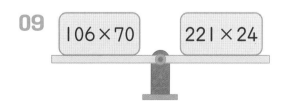

106×70 221×24

01 다음 표를 완성하여 213×30의 값을 구하세요.

	천의 자리	백의 자리	십의 자리	일의 자리		결과
213×3					→	
213×30						

02 □ 안에 알맞은 수를 써넣으세요.

674×40   674×9

$674 \times 49 = \boxed{} + \boxed{}$

$= \boxed{}$

203×80   203×7

$203 \times 87 = \boxed{} + \boxed{}$

$= \boxed{}$

03 계산하세요.

$$\begin{array}{r} 600 \\ \times\ \ 70 \\ \hline \end{array}$$

$$\begin{array}{r} 350 \\ \times\ \ 50 \\ \hline \end{array}$$

$$\begin{array}{r} 813 \\ \times\ \ 20 \\ \hline \end{array}$$

$$\begin{array}{r} 656 \\ \times\ \ 33 \\ \hline \end{array}$$

04 계산 결과가 같은 것끼리 연결하세요.

209×36	•	•	695×26
487×22	•	•	974×11
278×65	•	•	627×12

05 다섯 장의 수 카드를 한 번씩만 사용하여 가장 큰 세 자리 수와 가장 작은 두 자리 수를 만들고, 만든 두 수로 곱셈식을 만들어 계산하세요.

가장 큰 세 자리 수 : _____ , 가장 작은 두 자리 수 : _____

곱셈식 : _____

06 잘못 계산한 곳을 찾아 바르게 계산하세요.

```
    4 3 4              4 3 4
  ×   1 9            ×   1 9
  ─────────    ➡    ─────────
  3 9 0 6
    4 3 4
  ─────────
  4 3 4 0
```

```
    1 5 0              1 5 0
  ×   6 2            ×   6 2
  ─────────    ➡    ─────────
    3 0 0
      9 0
  ─────────
  1 2 0 0
```

07 한 상자에 134개씩 들어 있는 구슬이 25상자 있습니다. 구슬은 모두 몇 개일까요?

답 : _____ 개

08 주영이는 4월 한 달 동안 매일 250 mL씩 우유를 마셨습니다. 주영이가 4월 한 달 동안 마신 우유는 총 몇 mL일까요?

답 : _____ mL

다음은 17세기 영국의 한 수학자 존 네이피어(John Napier)의 곱셈 방법입니다.

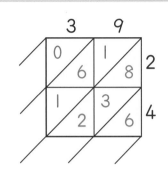

① 표의 바깥쪽에 곱하는 두 수를 적고,
가로와 세로로 만나는 두 숫자의 곱을
왼쪽과 같이 표 안에 적습니다.

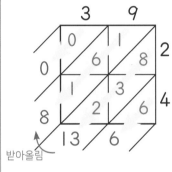

② 대각선 방향에 있는 수들의 합을 구합니다.
합이 10을 넘어갈 경우에는 받아올림을 합니다.

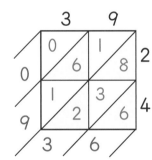

③ 나온 값들을 왼쪽 위부터 차례로 적습니다.

$39 \times 24 = 936$

네이피어의 곱셈 방법을 이용하여 계산하세요.

01

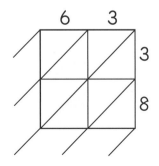

➡ $63 \times 38 =$ ☐

02

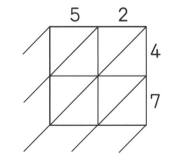

➡ $52 \times 47 =$ ☐

3 PART

나눗셈

차시별로 정답률을 확인하고, 성취도에 ○표 하세요.

😊 80% 이상 맞혔어요.　　😐 60% ~ 80% 맞혔어요.　　😣 60% 이하 맞혔어요.

차시	단원	성취도		
15	(세 자리 수)÷(몇십)	😊	😐	😣
16	(세 자리 수)÷(몇십) 연습	😊	😐	😣
17	(두 자리 수)÷(두 자리 수)	😊	😐	😣
18	(두 자리 수)÷(두 자리 수) 연습	😊	😐	😣
19	몫이 한 자리 수인 (세 자리 수)÷(두 자리 수)	😊	😐	😣
20	몫이 한 자리 수인 (세 자리 수)÷(두 자리 수) 연습	😊	😐	😣
21	몫이 두 자리 수인 (세 자리 수)÷(두 자리 수)	😊	😐	😣
22	몫이 두 자리 수인 (세 자리 수)÷(두 자리 수) 연습	😊	😐	😣
23	(세 자리 수)÷(두 자리 수) 연습	😊	😐	😣
24	□ 구하기	😊	😐	😣
25	나눗셈 연습	😊	😐	😣

나머지는 나누는 수보다 항상 작아야 합니다.

210개의 연필을 친구 10명에게 같은 개수로 최대한 많이 나누어 주었더니 10개가 남았어!

응? 뭔가 이상한데?

(몇백 몇십)÷(몇십)의 몫은 (몇십몇)÷(몇)을 계산한 몫과 같고, 나머지는 (몇십몇)÷(몇) 의 나머지에 10배를 한 값과 같습니다.

$$40\overline{)360} \quad 9$$

$360 \div 40 = 9$
$36 \div 4 = 9$

$$70\overline{)450} \quad 6$$

$450 \div 70 = 6 \cdots 30$
$45 \div 7 = 6 \cdots 3$

□ 안에 알맞은 수를 써넣으세요.

01 $12 \div 2 = \boxed{}$

$120 \div 20 = \boxed{}$

02 $36 \div 4 = \boxed{}$

$360 \div 40 = \boxed{}$

03 $48 \div 8 = \boxed{}$

$480 \div 80 = \boxed{}$

04 $25 \div 5 = \boxed{}$

$250 \div 50 = \boxed{}$

05 $72 \div 9 = \boxed{}$

$720 \div 90 = \boxed{}$

06 $36 \div 4 = \boxed{}$

$360 \div 40 = \boxed{}$

07 $25 \div 3 = \boxed{} \cdots \boxed{}$

$250 \div 30 = \boxed{} \cdots \boxed{}$

08 $57 \div 7 = \boxed{} \cdots \boxed{}$

$570 \div 70 = \boxed{} \cdots \boxed{}$

09 $46 \div 8 = \boxed{} \cdots \boxed{}$

$460 \div 80 = \boxed{} \cdots \boxed{}$

10 $75 \div 9 = \boxed{} \cdots \boxed{}$

$750 \div 90 = \boxed{} \cdots \boxed{}$

🎵 계산하세요.

01

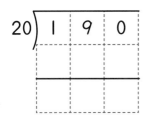

02

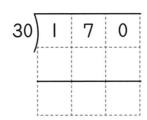

03

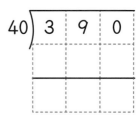

04

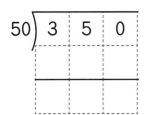

05

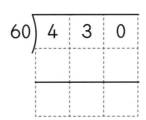

06

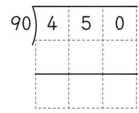

07

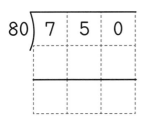

08

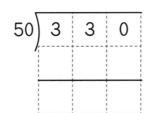

09

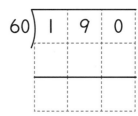

10

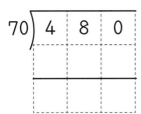

11

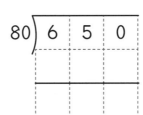

12

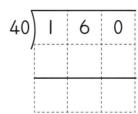

13

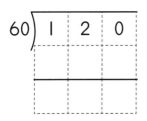

14

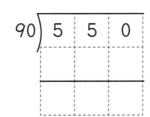

15

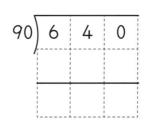

15 B (몇백 몇십몇)÷(몇십)도 같은 방법으로 계산해요

나누어지는 수에 몇십이 몇 번 들어갈지 어림해 보고(나누어지는 수보다 크지 않으면서 가장 가까운 곱을 찾고), 어림한 몫을 이용하여 실제 몫과 나머지를 구합니다.

$$
\begin{array}{r}
8 \\
60\overline{)5\ 8\ 7} \\
4\ 8\ 0 \\
\hline
1\ 0\ 7
\end{array}
$$

(X)

$$
\begin{array}{r}
9 \\
60\overline{)5\ 8\ 7} \\
5\ 4\ 0 \\
\hline
4\ 7
\end{array}
$$

(O)

$60 \times 8 = 480$
$9 \leftarrow 60 \times 9 = 540$
$60 \times 10 = 600$

나머지가 나누는 수보다 크다면 몫을 1씩 크게 하면서 계산을 다시 해 보자!

🐤 ☐ 안에 알맞은 수를 써넣고, 나눗셈을 계산하세요.

01
$50 \times \boxed{} = 300$
$50 \times \boxed{} = 350$
$50 \times \boxed{} = 400$

$50\overline{)3\ 7\ 1}$

02
$70 \times \boxed{} = 350$
$70 \times \boxed{} = 420$
$70 \times \boxed{} = 490$

$70\overline{)4\ 3\ 8}$

03
$80 \times \boxed{} = 480$
$80 \times \boxed{} = 560$
$80 \times \boxed{} = 640$

$80\overline{)5\ 8\ 3}$

04
$90 \times \boxed{} = 270$
$90 \times \boxed{} = 360$
$90 \times \boxed{} = 450$

$90\overline{)3\ 8\ 3}$

05
$30 \times \boxed{} = 210$
$30 \times \boxed{} = 240$
$30 \times \boxed{} = 270$

$30\overline{)2\ 5\ 5}$

06
$40 \times \boxed{} = 200$
$40 \times \boxed{} = 240$
$40 \times \boxed{} = 280$

$40\overline{)2\ 6\ 1}$

🔎 계산하세요.

01
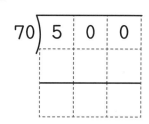

80) 4 5 3

02
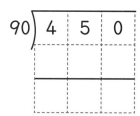

70) 5 0 0

03

90) 4 5 0

04
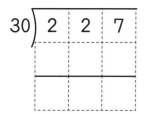

30) 2 2 7

05
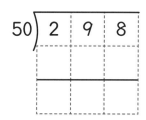

50) 2 9 8

06
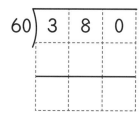

60) 3 8 0

07
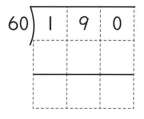

60) 1 9 0

08
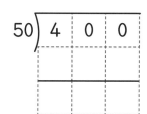

50) 4 0 0

09
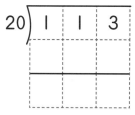

20) 1 1 3

10
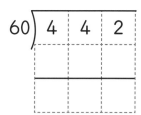

60) 4 4 2

11
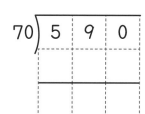

70) 5 9 0

12
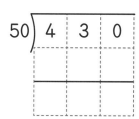

50) 4 3 0

13
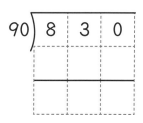

90) 8 3 0

14
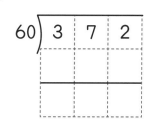

60) 3 7 2

15
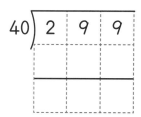

40) 2 9 9

16 Ⓐ 나누는 수와 나머지의 값을 꼭 비교해요

계산하세요.

01

$90 \overline{)720}$

02

$60 \overline{)345}$

03

$40 \overline{)110}$

04

$70 \overline{)125}$

05

$80 \overline{)454}$

06

$20 \overline{)190}$

07

$40 \overline{)230}$

08

$50 \overline{)255}$

09

$30 \overline{)269}$

10

$60 \overline{)543}$

11

$90 \overline{)292}$

12

$80 \overline{)542}$

13

$30 \overline{)147}$

14

$20 \overline{)176}$

15

$90 \overline{)513}$

계산하세요.

01
20) 1 8 1

02
30) 1 6 8

03
50) 4 8 9

04
30) 1 2 3

05
20) 1 3 2

06
70) 5 0 0

07
40) 3 5 0

08
90) 4 5 3

09
90) 1 6 4

10
50) 4 2 7

11
80) 1 2 3

12
30) 1 4 9

13
60) 4 5 6

14
70) 2 5 0

15
60) 4 6 5

16 B 계산이 맞는지 확인하며 연습해요

🎵 나눗셈을 하고, 계산이 맞는지 확인하세요.

$$\begin{array}{r} 6 \\ 30\overline{)192} \\ 180 \\ \hline 12 \end{array}$$

확인: $30 \times 6 = 180$,

$180 + 12 = 192$

01

$$40\overline{)184}$$

확인: $\boxed{} \times \boxed{} = \boxed{}$,

$\boxed{} + \boxed{} = \boxed{}$

02

$$90\overline{)285}$$

확인: $\boxed{} \times \boxed{} = \boxed{}$,

$\boxed{} + \boxed{} = \boxed{}$

03

$$80\overline{)653}$$

확인: $\boxed{} \times \boxed{} = \boxed{}$,

$\boxed{} + \boxed{} = \boxed{}$

04

$$70\overline{)641}$$

확인: $\boxed{} \times \boxed{} = \boxed{}$,

$\boxed{} + \boxed{} = \boxed{}$

05

$$50\overline{)480}$$

확인: $\boxed{} \times \boxed{} = \boxed{}$,

$\boxed{} + \boxed{} = \boxed{}$

나눗셈을 하고, 계산이 맞는지 확인하세요.

01
$139 \div 90 =$ ☐ ⋯ ☐ → 확인 : ☐ × ☐ = ☐ , ☐ + ☐ = ☐

02
$650 \div 70 =$ ☐ ⋯ ☐ → 확인 : ☐ × ☐ = ☐ , ☐ + ☐ = ☐

03
$784 \div 80 =$ ☐ ⋯ ☐ → 확인 : ☐ × ☐ = ☐ , ☐ + ☐ = ☐

04
$135 \div 20 =$ ☐ ⋯ ☐ → 확인 : ☐ × ☐ = ☐ , ☐ + ☐ = ☐

05
$266 \div 80 =$ ☐ ⋯ ☐ → 확인 : ☐ × ☐ = ☐ , ☐ + ☐ = ☐

06
$275 \div 30 =$ ☐ ⋯ ☐ → 확인 : ☐ × ☐ = ☐ , ☐ + ☐ = ☐

07
$301 \div 50 =$ ☐ ⋯ ☐ → 확인 : ☐ × ☐ = ☐ , ☐ + ☐ = ☐

08
$171 \div 80 =$ ☐ ⋯ ☐ → 확인 : ☐ × ☐ = ☐ , ☐ + ☐ = ☐

09
$285 \div 90 =$ ☐ ⋯ ☐ → 확인 : ☐ × ☐ = ☐ , ☐ + ☐ = ☐

(두 자리 수)÷(두 자리 수)
A 몫을 어림하며 계산해요

몇십으로 나누기를 계산할 때와 마찬가지로, 나누어지는 수에 나누는 수가 몇 번 들어갈지 어림해 보고, 어림한 몫을 이용하여 실제 몫과 나머지를 구합니다.

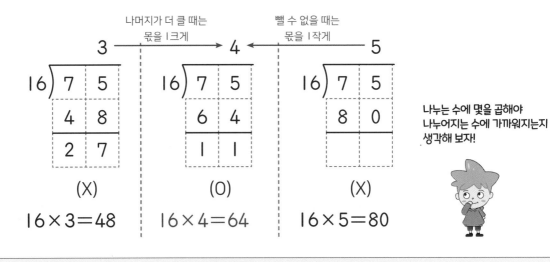

□ 안에 알맞은 수를 써넣고, 나눗셈을 계산하세요.

01

$22 \times \boxed{} = 66$

$22 \times \boxed{} = 88$ $22\overline{)91}$

$22 \times \boxed{} = 110$

02

$23 \times \boxed{} = 23$

$23 \times \boxed{} = 46$ $23\overline{)59}$

$23 \times \boxed{} = 69$

03

$15 \times \boxed{} = 15$

$15 \times \boxed{} = 30$ $15\overline{)44}$

$15 \times \boxed{} = 45$

04

$21 \times \boxed{} = 21$

$21 \times \boxed{} = 42$ $21\overline{)55}$

$21 \times \boxed{} = 63$

05

$19 \times \boxed{} = 76$

$19 \times \boxed{} = 95$ $19\overline{)97}$

$19 \times \boxed{} = 114$

06

$13 \times \boxed{} = 65$

$13 \times \boxed{} = 78$ $13\overline{)89}$

$13 \times \boxed{} = 91$

😊 계산하세요.

01

11) 6 9

02

11) 8 1

03

21) 8 6

04

15) 6 7

05

15) 9 2

06

23) 5 5

07

14) 7 5

08

16) 9 3

09

26) 5 4

10

12) 8 3

11

12) 3 7

12

31) 7 5

13

11) 9 1

14

13) 7 5

15

27) 7 7

실제 몫을 한 번에 찾지 못해도 괜찮아요!

🎤 계산하세요.

01

$$15 \overline{)77}$$

02

$$16 \overline{)46}$$

03

$$13 \overline{)94}$$

04

$$17 \overline{)83}$$

05

$$11 \overline{)54}$$

06

$$16 \overline{)97}$$

07

$$19 \overline{)95}$$

08

$$10 \overline{)66}$$

09

$$23 \overline{)99}$$

10

$$21 \overline{)81}$$

11

$$12 \overline{)33}$$

12

$$35 \overline{)65}$$

13

$$18 \overline{)65}$$

14

$$14 \overline{)32}$$

15

$$47 \overline{)95}$$

😊 계산하세요.

01

$31\overline{)8\ 9}$

02

$25\overline{)8\ 5}$

03

$33\overline{)9\ 4}$

04

$21\overline{)7\ 5}$

05

$23\overline{)9\ 5}$

06

$24\overline{)4\ 5}$

07

$11\overline{)5\ 5}$

08

$21\overline{)5\ 4}$

09

$11\overline{)9\ 4}$

10

$12\overline{)9\ 6}$

11

$17\overline{)4\ 6}$

12

$16\overline{)4\ 3}$

13

$15\overline{)9\ 5}$

14

$18\overline{)9\ 8}$

15

$14\overline{)4\ 5}$

빈칸에 나눗셈의 몫과 나머지를 써넣으세요.

| 57 | ÷11 | 5…2 | →

01 → | 95 | ÷42 | |

02 → | 45 | ÷13 | |

03 → | 43 | ÷23 | |

04 → | 55 | ÷17 | |

05 → | 54 | ÷19 | |

06 → | 23 | ÷19 | |

07 → | 65 | ÷15 | |

08 → | 51 | ÷25 | |

09 → | 86 | ÷41 | |

10 → | 64 | ÷37 | |

11 → | 95 | ÷33 | |

12 → | 45 | ÷15 | |

13 → | 42 | ÷13 | |

🐵 나눗셈을 계산하고, 나머지가 큰 순서대로 ◯ 안에 1, 2, 3, 4를 써넣으세요.

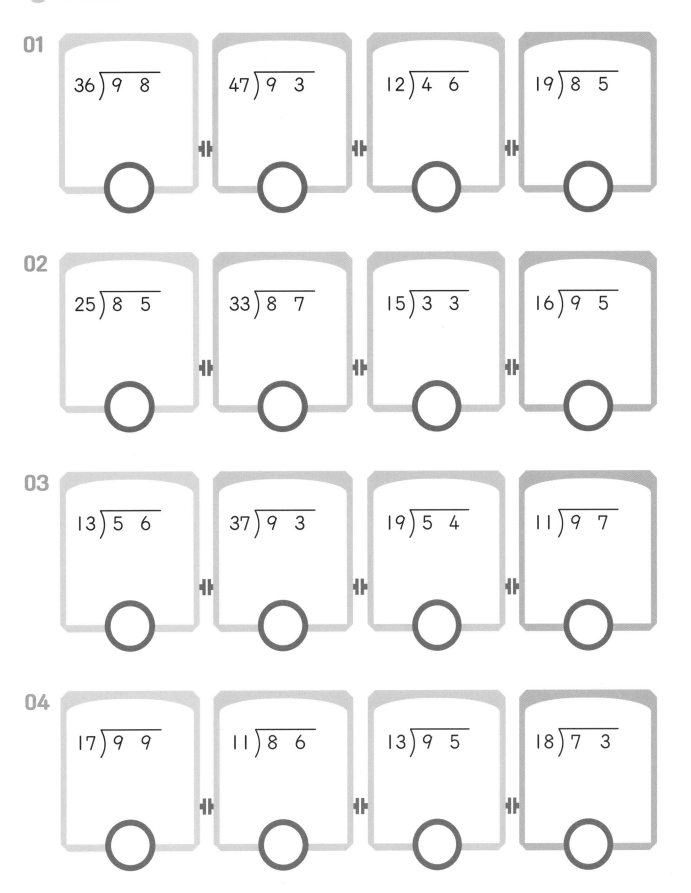

01

$36\overline{)9\ 8}$ ◯ $47\overline{)9\ 3}$ ◯ $12\overline{)4\ 6}$ ◯ $19\overline{)8\ 5}$ ◯

02

$25\overline{)8\ 5}$ ◯ $33\overline{)8\ 7}$ ◯ $15\overline{)3\ 3}$ ◯ $16\overline{)9\ 5}$ ◯

03

$13\overline{)5\ 6}$ ◯ $37\overline{)9\ 3}$ ◯ $19\overline{)5\ 4}$ ◯ $11\overline{)9\ 7}$ ◯

04

$17\overline{)9\ 9}$ ◯ $11\overline{)8\ 6}$ ◯ $13\overline{)9\ 5}$ ◯ $18\overline{)7\ 3}$ ◯

나눗셈을 하고, 계산이 맞는지 확인하세요.

01

$$30 \overline{)9\ 3}$$

확인: [　] × [　] = [　] ,

[　] + [　] = [　]

02

$$13 \overline{)8\ 6}$$

확인: [　] × [　] = [　] ,

[　] + [　] = [　]

03

$$45 \overline{)5\ 9}$$

확인: [　] × [　] = [　] ,

[　] + [　] = [　]

04

$$43 \overline{)9\ 7}$$

확인: [　] × [　] = [　] ,

[　] + [　] = [　]

05

$$38 \overline{)7\ 3}$$

확인: [　] × [　] = [　] ,

[　] + [　] = [　]

06

$$21 \overline{)5\ 4}$$

확인: [　] × [　] = [　] ,

[　] + [　] = [　]

🐤 나눗셈을 하고, 계산이 맞는지 확인하세요.

01 $95 \div 18 =$ ⬚ … ⬚ ➡ 확인 : ⬚ × ⬚ = ⬚ , ⬚ + ⬚ = ⬚

02 $75 \div 16 =$ ⬚ … ⬚ ➡ 확인 : ⬚ × ⬚ = ⬚ , ⬚ + ⬚ = ⬚

03 $36 \div 19 =$ ⬚ … ⬚ ➡ 확인 : ⬚ × ⬚ = ⬚ , ⬚ + ⬚ = ⬚

04 $98 \div 21 =$ ⬚ … ⬚ ➡ 확인 : ⬚ × ⬚ = ⬚ , ⬚ + ⬚ = ⬚

05 $71 \div 23 =$ ⬚ … ⬚ ➡ 확인 : ⬚ × ⬚ = ⬚ , ⬚ + ⬚ = ⬚

06 $83 \div 34 =$ ⬚ … ⬚ ➡ 확인 : ⬚ × ⬚ = ⬚ , ⬚ + ⬚ = ⬚

07 $45 \div 17 =$ ⬚ … ⬚ ➡ 확인 : ⬚ × ⬚ = ⬚ , ⬚ + ⬚ = ⬚

08 $96 \div 31 =$ ⬚ … ⬚ ➡ 확인 : ⬚ × ⬚ = ⬚ , ⬚ + ⬚ = ⬚

09 $75 \div 34 =$ ⬚ … ⬚ ➡ 확인 : ⬚ × ⬚ = ⬚ , ⬚ + ⬚ = ⬚

10 $79 \div 21 =$ ⬚ … ⬚ ➡ 확인 : ⬚ × ⬚ = ⬚ , ⬚ + ⬚ = ⬚

3 PART

나누는 수가 나누어지는 수의 앞 두자리 수보다 크면 몫은 한 자리 수입니다.

$$\underline{328} \div \underline{36} \rightarrow$$

32<36이므로
몫은 한 자리 수

$36 \times 8 = 288$
$36 \times 9 = 324$
$\cancel{36 \times 10 = 360}$

9

32에는 36이
들어갈 수 없으니까
몫은 한 자리 수가
되는 거야!

```
        9
36 ) 3  2  8
     3  2  4
           4
```

✐ □ 안에 알맞은 수를 써넣고, 나눗셈을 계산하세요.

01

$37 \times \boxed{} = 185$

$37 \times \boxed{} = 222$

$37 \times \boxed{} = 259$

$37) \overline{2\ \ 2\ \ 5}$

02

$83 \times \boxed{} = 83$

$83 \times \boxed{} = 166$

$83 \times \boxed{} = 249$

$83) \overline{2\ \ 1\ \ 1}$

03

$95 \times \boxed{} = 95$

$95 \times \boxed{} = 190$

$95 \times \boxed{} = 285$

$95) \overline{2\ \ 0\ \ 5}$

04

$27 \times \boxed{} = 135$

$27 \times \boxed{} = 162$

$27 \times \boxed{} = 189$

$27) \overline{1\ \ 8\ \ 3}$

05

$43 \times \boxed{} = 215$

$43 \times \boxed{} = 258$

$43 \times \boxed{} = 301$

$43) \overline{2\ \ 7\ \ 6}$

06

$45 \times \boxed{} = 315$

$45 \times \boxed{} = 360$

$45 \times \boxed{} = 405$

$45) \overline{3\ \ 7\ \ 9}$

😊 계산하세요.

01

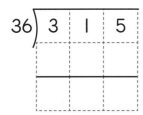

02

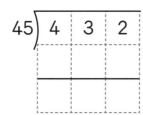

03

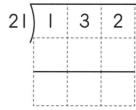

04

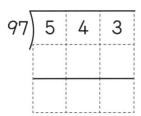

05

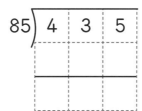

06

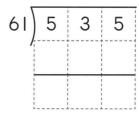

07

$$97)\overline{5\,4\,3}$$

08

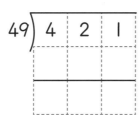

09

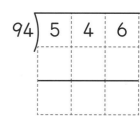

10

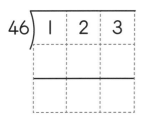

11

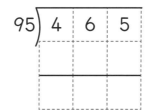

12

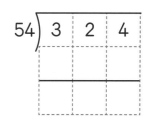

13

$$46)\overline{1\,2\,3}$$

14

$$95)\overline{4\,6\,5}$$

15

$$54)\overline{3\,2\,4}$$

계산하세요.

01

56)360

02

22)125

03

15)111

04

45)430

05

33)243

06

54)444

07

95)456

08

44)345

09

34)222

10

65)165

11

66)543

12

23)115

13

84)454

14

78)543

15

12)105

😊 계산하세요.

01

34) 2 2 5

02

89) 5 0 0

03

71) 6 5 2

04

37) 3 4 5

05

78) 4 0 0

06

36) 3 0 0

07

54) 4 2 6

08

45) 3 0 0

09

26) 2 2 2

10

55) 4 2 1

11

34) 1 7 0

12

16) 1 1 5

13

97) 5 8 4

14

23) 1 3 5

15

15) 1 0 5

20 Ⓐ 몫이 한 자리 수인 나눗셈을 연습해요

🖊 계산하세요.

01

$14\overline{)1\ 2\ 2}$

02

$98\overline{)7\ 6\ 5}$

03

$35\overline{)2\ 1\ 4}$

04

$16\overline{)1\ 5\ 5}$

05

$78\overline{)6\ 5\ 2}$

06

$46\overline{)3\ 4\ 3}$

07

$18\overline{)1\ 6\ 2}$

08

$67\overline{)3\ 5\ 4}$

09

$57\overline{)2\ 4\ 6}$

10

$31\overline{)2\ 4\ 5}$

11

$56\overline{)2\ 5\ 4}$

12

$68\overline{)4\ 0\ 8}$

13

$33\overline{)2\ 3\ 6}$

14

$44\overline{)3\ 1\ 5}$

15

$79\overline{)5\ 4\ 6}$

😊 계산하세요.

01

$11\overline{)105}$

02

$19\overline{)181}$

03

$33\overline{)294}$

04

$13\overline{)123}$

05

$15\overline{)131}$

06

$37\overline{)253}$

07

$17\overline{)104}$

08

$56\overline{)505}$

09

$39\overline{)345}$

10

$19\overline{)186}$

11

$45\overline{)404}$

12

$59\overline{)541}$

13

$54\overline{)359}$

14

$33\overline{)303}$

15

$28\overline{)215}$

20 B 나누어떨어지는 나눗셈식을 찾아요

🔍 나눗셈을 하고, 나누어떨어지는 나눗셈식을 찾아 ◯표 하세요.

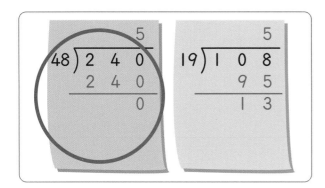

01

$$
\begin{array}{r}
75\overline{\smash{)}314}
\end{array}
\qquad
\begin{array}{r}
19\overline{\smash{)}114}
\end{array}
$$

02

$$
\begin{array}{r}
65\overline{\smash{)}214}
\end{array}
\qquad
\begin{array}{r}
33\overline{\smash{)}165}
\end{array}
$$

03

$$
\begin{array}{r}
43\overline{\smash{)}104}
\end{array}
\qquad
\begin{array}{r}
98\overline{\smash{)}490}
\end{array}
$$

04

$$
\begin{array}{r}
8 \\
81\overline{\smash{)}719} \\
648 \\
\hline
71
\end{array}
\div 81 = 8 \cdots 71
\qquad
120 \div 15
\qquad
202 \div 34
$$

05

$$
214 \div 43
\qquad
295 \div 33
\qquad
172 \div 43
$$

🔔 계산하세요.

01

35$\overline{)2\ 5\ 1}$

02

51$\overline{)2\ 4\ 3}$

03

39$\overline{)2\ 4\ 2}$

04

26$\overline{)1\ 5\ 3}$

05

15$\overline{)1\ 2\ 1}$

06

17$\overline{)1\ 2\ 1}$

07

96$\overline{)4\ 8\ 0}$

08

16$\overline{)1\ 2\ 0}$

09

35$\overline{)2\ 1\ 9}$

10

56$\overline{)5\ 0\ 5}$

11

86$\overline{)4\ 2\ 3}$

12

65$\overline{)1\ 3\ 0}$

나누어지는 수의 앞 두자리 수가 나누는 수보다 크거나 같으면 몫은 두 자리 수가 됩니다.
몫의 십의 자리부터 먼저 구하고, 같은 방법으로 몫의 일의 자리를 구합니다.

$694 \div 18$ →
69 > 18이므로
몫은 두 자리 수

$18 \times 20 = 360$
$18 \times 30 = 540$
$18 \times 40 = 720$

$18 \times 7 = 126$
$18 \times 8 = 144$
$18 \times 9 = 162$

```
        3                    3  8
18) 6  9  4          18) 6  9  4
    5  4  0   →          5  4  0
    1  5  4              1  5  4
                         1  4  4
                            1  0
```

💡 □ 안에 알맞은 수를 써넣고, 나눗셈을 계산하세요.

곱을 보고 몫을 찾아볼까?

01

$15 \times \boxed{20} = 300$
$15 \times \boxed{30} = 450$
$15 \times \boxed{2} = 30$
$15 \times \boxed{3} = 45$

```
15) 4  9  9
```

02

$34 \times \boxed{} = 340$
$34 \times \boxed{} = 680$
$34 \times \boxed{} = 238$
$34 \times \boxed{} = 272$

```
34) 5  9  0
```

03

$23 \times \boxed{} = 460$
$23 \times \boxed{} = 690$
$23 \times \boxed{} = 92$
$23 \times \boxed{} = 115$

```
23) 8  1  7
```

04

$19 \times \boxed{} = 570$
$19 \times \boxed{} = 760$
$19 \times \boxed{} = 57$
$19 \times \boxed{} = 76$

```
19) 6  5  8
```

🎵 계산하세요.

01
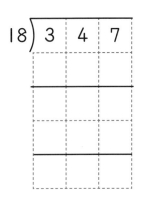

18) 3 4 7

02
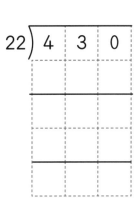

22) 4 3 0

03
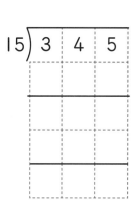

15) 3 4 5

04
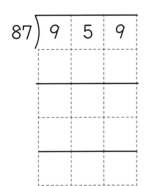

87) 9 5 9

05
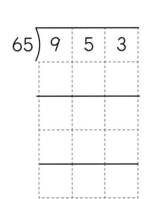

65) 9 5 3

06
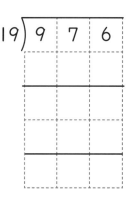

19) 9 7 6

07
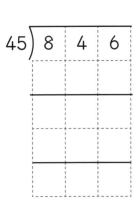

45) 8 4 6

08
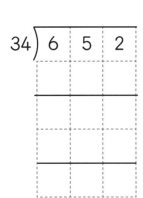

34) 6 5 2

09
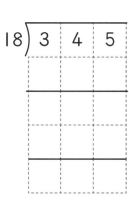

18) 3 4 5

10
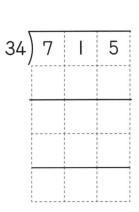

34) 7 1 5

11

29) 3 2 5

12
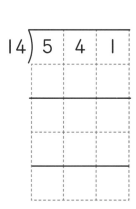

14) 5 4 1

3 PART

묷이 두 자리 수인 (세 자리 수)÷(두 자리 수)

21 B 어림한 곱을 뺄 수 없을 때는 몫을 작게 해요

계산하세요.

01

$14\overline{)198}$

02

$17\overline{)284}$

03

$24\overline{)360}$

04

$25\overline{)254}$

05

$13\overline{)212}$

06

$32\overline{)548}$

07

$20\overline{)206}$

08

$34\overline{)578}$

09

$25\overline{)298}$

10

$17\overline{)188}$

11

$28\overline{)465}$

12

$33\overline{)594}$

🐌 계산하세요.

01

$23\overline{)249}$

02

$20\overline{)316}$

03

$24\overline{)752}$

04

$20\overline{)586}$

05

$20\overline{)262}$

06

$24\overline{)527}$

07

$26\overline{)699}$

08

$34\overline{)340}$

09

$17\overline{)187}$

10

$23\overline{)459}$

11

$36\overline{)462}$

12

$32\overline{)352}$

22 Ⓐ 몫이 두 자리 수인 (세 자리 수)÷(두 자리 수) 연습
먼저 몫이 10보다 큰지 작은지 확인해요

계산하세요.

01

$45\overline{)477}$

02

$95\overline{)998}$

03

$34\overline{)888}$

04

$35\overline{)645}$

05

$34\overline{)956}$

06

$75\overline{)900}$

07

$25\overline{)855}$

08

$18\overline{)797}$

09

$47\overline{)995}$

10

$15\overline{)472}$

11

$15\overline{)545}$

12

$14\overline{)846}$

🐣 계산하세요.

01

12) 2 3 5

02

48) 9 3 9

03

27) 3 8 1

04

23) 8 6 5

05

85) 8 7 0

06

15) 9 8 7

07

56) 9 5 6

08

54) 7 0 2

09

98) 9 8 9

10

25) 6 4 5

11

34) 4 6 5

12

15) 1 5 6

22 B 세로셈으로 더 연습해 볼까요?

나눗셈을 하고, 몫이 가장 큰 나눗셈식을 찾아 ◯표 하세요.

01

$46 \overline{)556}$　　$18 \overline{)256}$　　$34 \overline{)459}$　　$54 \overline{)655}$

02

$45 \overline{)647}$　　$19 \overline{)753}$　　$43 \overline{)756}$　　$37 \overline{)723}$

03

$44 \overline{)700}$　　$17 \overline{)860}$　　$18 \overline{)196}$　　$38 \overline{)465}$

04

$43 \overline{)789}$　　$15 \overline{)156}$　　$25 \overline{)953}$　　$36 \overline{)535}$

다음과 같이 나눗셈을 계산하세요.

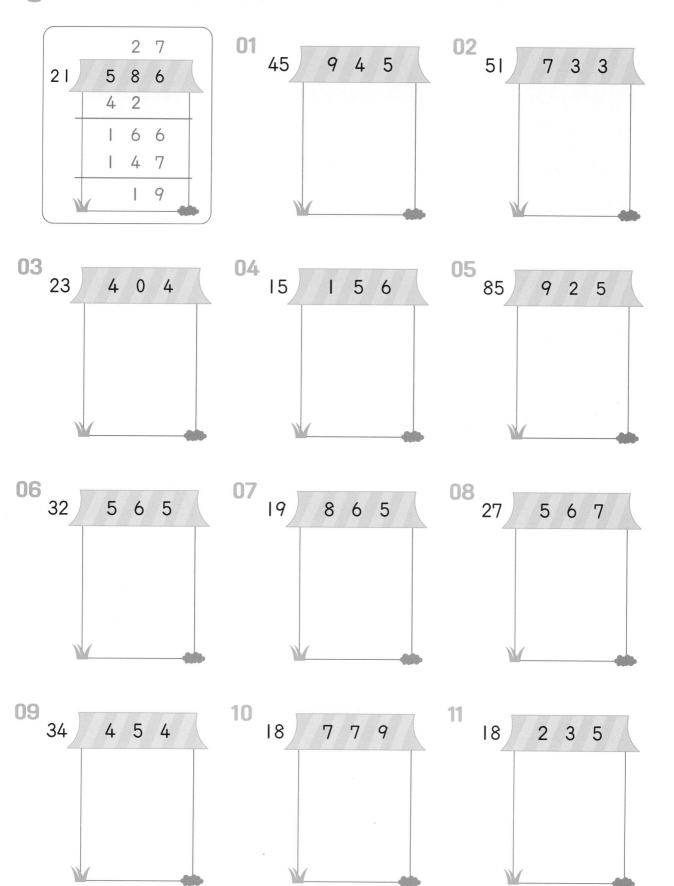

21 | 5 8 6
  2 7

01 45 | 9 4 5

02 51 | 7 3 3

03 23 | 4 0 4

04 15 | 1 5 6

05 85 | 9 2 5

06 32 | 5 6 5

07 19 | 8 6 5

08 27 | 5 6 7

09 34 | 4 5 4

10 18 | 7 7 9

11 18 | 2 3 5

23 Ⓐ 가로셈은 세로셈으로 바꾸어 풀어요

🔍 빈칸에 나눗셈의 몫과 나머지를 쓰세요.

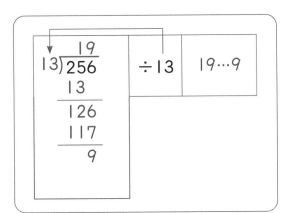

01 752 ÷38

02 469 ÷95

03 156 ÷15

04 945 ÷54

05 280 ÷56

06 756 ÷54

07 159 ÷19

😊 계산하세요.

01 $800 \div 11 =$

02 $845 \div 16 =$

03 $999 \div 80 =$

04 $900 \div 16 =$

05 $165 \div 33 =$

06 $546 \div 91 =$

07 $500 \div 70 =$

08 $955 \div 95 =$

09 $156 \div 13 =$

10 $400 \div 56 =$

11 $345 \div 45 =$

12 $576 \div 19 =$

🐌 나눗셈을 하고, 계산이 맞는지 확인하세요.

```
        3 1
   26 ) 8 0 7
        7 8
        ─────
          2 7
          2 6
        ─────
            1
```

확인 : 26 × 31 = 806 ,

806 + 1 = 807

01

```
   37 ) 5 4 3
```

확인 : ☐ × ☐ = ☐ ,

☐ + ☐ = ☐

02

```
   54 ) 7 5 3
```

확인 : ☐ × ☐ = ☐ ,

☐ + ☐ = ☐

03

```
   86 ) 6 7 5
```

확인 : ☐ × ☐ = ☐ ,

☐ + ☐ = ☐

04

```
   19 ) 1 5 4
```

확인 : ☐ × ☐ = ☐ ,

☐ + ☐ = ☐

05

```
   95 ) 8 5 3
```

확인 : ☐ × ☐ = ☐ ,

☐ + ☐ = ☐

🔑 나눗셈을 하고, 계산이 맞는지 확인하세요.

01 $645 \div 85 = \boxed{} \cdots \boxed{}$

→ 확인 : $\boxed{} \times \boxed{} = \boxed{}$,

$\boxed{} + \boxed{} = \boxed{}$

02 $999 \div 95 = \boxed{} \cdots \boxed{}$

→ 확인 : $\boxed{} \times \boxed{} = \boxed{}$,

$\boxed{} + \boxed{} = \boxed{}$

03 $280 \div 54 = \boxed{} \cdots \boxed{}$

→ 확인 : $\boxed{} \times \boxed{} = \boxed{}$,

$\boxed{} + \boxed{} = \boxed{}$

04 $476 \div 19 = \boxed{} \cdots \boxed{}$

→ 확인 : $\boxed{} \times \boxed{} = \boxed{}$,

$\boxed{} + \boxed{} = \boxed{}$

05 $952 \div 46 = \boxed{} \cdots \boxed{}$

→ 확인 : $\boxed{} \times \boxed{} = \boxed{}$,

$\boxed{} + \boxed{} = \boxed{}$

06 $546 \div 64 = \boxed{} \cdots \boxed{}$

→ 확인 : $\boxed{} \times \boxed{} = \boxed{}$,

$\boxed{} + \boxed{} = \boxed{}$

07 $156 \div 95 = \boxed{} \cdots \boxed{}$

→ 확인 : $\boxed{} \times \boxed{} = \boxed{}$,

$\boxed{} + \boxed{} = \boxed{}$

08 $444 \div 34 = \boxed{} \cdots \boxed{}$

→ 확인 : $\boxed{} \times \boxed{} = \boxed{}$,

$\boxed{} + \boxed{} = \boxed{}$

3
PART

24 Ⓐ 나누는 수와 몫의 자리는 서로 바뀔 수 있어요

나누어지는 수＝나누는 수×몫이므로 나눗셈식에서 나누는 수와 몫의 자리를 바꾸어 쓸 수 있습니다.

$$35 \div \blacksquare = 7$$
$$\updownarrow$$
$$35 \div 7 = \blacksquare$$
$$\rightarrow \blacksquare = 5$$

$$165 \div \blacksquare = 11$$
$$\updownarrow$$
$$165 \div 11 = \blacksquare$$
$$\rightarrow \blacksquare = 15$$

●가 나타내는 수를 구하려고 합니다. □ 안에 알맞은 수를 쓰세요.

01

$570 \div ● = 30 \rightarrow ● = \boxed{570} \div \boxed{30}$

$= \boxed{}$

02

$490 \div ● = 35 \rightarrow ● = \boxed{} \div \boxed{}$

$= \boxed{}$

03

$240 \div ● = 15 \rightarrow ● = \boxed{} \div \boxed{}$

$= \boxed{}$

04

$600 \div ● = 24 \rightarrow ● = \boxed{} \div \boxed{}$

$= \boxed{}$

05

$780 \div ● = 65 \rightarrow ● = \boxed{} \div \boxed{}$

$= \boxed{}$

06

$792 \div ● = 36 \rightarrow ● = \boxed{} \div \boxed{}$

$= \boxed{}$

07

$979 \div ● = 11 \rightarrow ● = \boxed{} \div \boxed{}$

$= \boxed{}$

08

$414 \div ● = 46 \rightarrow ● = \boxed{} \div \boxed{}$

$= \boxed{}$

🧠 식을 세워 ●가 나타내는 수를 구하세요.

$651 \div ● = 21 → ● = \underline{651 \div 21 = 31}$

01

$378 \div ● = 14 → ● = $ _____

02

$528 \div ● = 12 → ● = $ _____

03

$945 \div ● = 21 → ● = $ _____

04

$765 \div ● = 17 → ● = $ _____

05

$377 \div ● = 13 → ● = $ _____

06

$925 \div ● = 25 → ● = $ _____

07

$720 \div ● = 16 → ● = $ _____

08

$980 \div ● = 20 → ● = $ _____

09

$936 \div ● = 12 → ● = $ _____

10

$825 \div ● = 75 → ● = $ _____

11

$675 \div ● = 45 → ● = $ _____

곱셈과 나눗셈이 서로 반대인 것을 이용하여 모르는 수를 구할 수 있습니다.

$$4 \times \blacksquare = 32 \rightarrow \blacksquare = 32 \div 4 \qquad 12 \times \blacksquare = 108 \rightarrow \blacksquare = 108 \div 12$$
$$= 8 \qquad\qquad\qquad\qquad = 9$$

🐛 ●가 나타내는 수를 구하려고 합니다. □ 안에 알맞은 수를 쓰세요.

01

$● \times 13 = 156 \rightarrow ● = \boxed{156} \div \boxed{13}$
$= \boxed{}$

02

$11 \times ● = 572 \rightarrow ● = \boxed{} \div \boxed{}$
$= \boxed{}$

03

$● \times 37 = 333 \rightarrow ● = \boxed{} \div \boxed{}$
$= \boxed{}$

04

$14 \times ● = 322 \rightarrow ● = \boxed{} \div \boxed{}$
$= \boxed{}$

05

$15 \times ● = 225 \rightarrow ● = \boxed{} \div \boxed{}$
$= \boxed{}$

06

$● \times 19 = 323 \rightarrow ● = \boxed{} \div \boxed{}$
$= \boxed{}$

07

$60 \times ● = 660 \rightarrow ● = \boxed{} \div \boxed{}$
$= \boxed{}$

08

$● \times 25 = 575 \rightarrow ● = \boxed{} \div \boxed{}$
$= \boxed{}$

🎵 식을 세워 ●가 나타내는 수를 구하세요.

$15 \times ● = 330 \rightarrow ● = \underline{330 \div 15 = 22}$

01

$17 \times ● = 323 \rightarrow ● = \underline{}$

02

$15 \times ● = 465 \rightarrow ● = \underline{}$

03

$● \times 45 = 585 \rightarrow ● = \underline{}$

04

$● \times 14 = 924 \rightarrow ● = \underline{}$

05

$● \times 26 = 884 \rightarrow ● = \underline{}$

06

$● \times 14 = 700 \rightarrow ● = \underline{}$

07

$13 \times ● = 377 \rightarrow ● = \underline{}$

08

$16 \times ● = 544 \rightarrow ● = \underline{}$

09

$● \times 65 = 845 \rightarrow ● = \underline{}$

10

$11 \times ● = 924 \rightarrow ● = \underline{}$

11

$● \times 21 = 399 \rightarrow ● = \underline{}$

계산 결과의 나머지가 같은 것끼리 연결하세요.

01

$590 \div 32$ ● ● $673 \div 74$

$599 \div 37$ ● ● $293 \div 25$

$493 \div 19$ ● ● $980 \div 42$

02

$910 \div 75$ ● ● $278 \div 20$

$218 \div 25$ ● ● $658 \div 36$

$627 \div 39$ ● ● $666 \div 17$

💡 계산 결과의 나머지가 같은 것끼리 연결하세요.

01

| $469 \div 34$ | ● | | ● | $379 \div 16$ |

| $765 \div 39$ | ● | | ● | $504 \div 30$ |

| $725 \div 34$ | ● | | ● | $515 \div 61$ |

02

| $514 \div 11$ | ● | | ● | $487 \div 15$ |

| $343 \div 16$ | ● | | ● | $283 \div 11$ |

| $652 \div 17$ | ● | | ● | $240 \div 13$ |

01 빈칸에 알맞은 수를 써넣고 480÷80의 몫을 구하세요.

×	1	2	3	4	5	6	7
80							

$$480 \div 80 = \boxed{}$$

02 나눗셈의 몫에 ◯표 하세요.

$$674 \div 16 \longrightarrow \quad 19 \quad 31 \quad 39 \quad 42 \quad 47$$

03 계산하세요.

$$90 \div 18 = \qquad 86 \div 14 = \qquad 95 \div 13 =$$

04 계산하세요.

$$15 \overline{)4\;8} \qquad 26 \overline{)2\;5\;3} \qquad 35 \overline{)7\;5\;8}$$

05 몫이 가장 작은 것을 찾아 ◯표 하세요.

| $756 \div 20$ | $394 \div 11$ | $759 \div 25$ |

06 ☐ 안에 알맞은 식의 기호를 써넣으세요.

$$
\begin{array}{r}
3\ 3 \\
26\,)\overline{8\ 6\ 8} \\
7\ 8\ 0 \leftarrow \ \square \\
\hline
8\ 8 \leftarrow \ \square \\
7\ 8 \leftarrow \ \square \\
\hline
1\ 0
\end{array}
$$

㉠ $868 - 780$

㉡ 26×3

㉢ 26×30

07 재영이네 학교 4학년 학생 298명이 박물관에 가려고 합니다. 버스 한 대에 41명씩 탄다면 버스는 적어도 몇 대 필요할까요?

답 : _____ 대

08 어느 과수원에서 수확한 방울토마토 567개를 한 상자에 28개씩 담아 포장하려고 합니다. 몇 상자까지 포장할 수 있을까요? 또, 포장하고 남은 방울토마토는 몇 개일까요?

답 : _____ 상자, _____ 개

다음 그림을 서로 다른 3가지 색깔을 사용하여 칠해 보세요. 단, 선과 선으로 맞닿은 면에는 반드시 다른 색을 칠해야 하고, 맞닿지 않은 면에는 같은 색을 여러 번 사용할 수 있습니다.

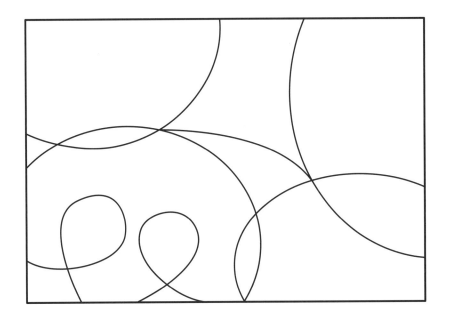

PART 4

규칙이 있는 계산

복잡해 보이는 계산도 계산식의 규칙을 찾는다면 간단하게 풀 수 있습니다.

연속한 홀수개의 수의 합은 (가운데 수×연속한 수의 개수)를 계산하면 쉽고 빠르게 구할 수 있습니다.

제일 먼저 정가운데 수가 무엇인지 찾아보자!

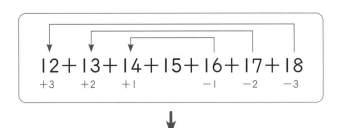

$$12+13+14+15+16+17+18$$
$$+3 \quad +2 \quad +1 \quad \quad -1 \quad -2 \quad -3$$

$$15+15+15+15+15+15+15 \rightarrow 15 \times 7 = 105$$

☞ □ 안에 알맞은 수를 쓰세요.

01 $27+28+29+30+31+32+33+34+35=\boxed{31}\times\boxed{9}=\boxed{}$

02 $11+12+13+14+15+16+17+18+19=\boxed{}\times\boxed{}=\boxed{}$

03 $100+101+102+103+104+105+106=\boxed{}\times\boxed{}=\boxed{}$

04 $20+21+22+23+24+25+26+27+28=\boxed{}\times\boxed{}=\boxed{}$

05 $201+202+203+204+205+206+207=\boxed{}\times\boxed{}=\boxed{}$

06 $30+31+32+33+34+35+36+37+38=\boxed{}\times\boxed{}=\boxed{}$

07 $250+251+252+253+254+255+256=\boxed{}\times\boxed{}=\boxed{}$

🧮 계산하세요.

01 $14+15+16+17+18+19+20+21+22=$

02 $101+102+103+104+105+106+107=$

03 $12+13+14+15+16+17+18+19+20=$

04 $300+301+302+303+304+305+306=$

05 $25+26+27+28+29+30+31+32+33=$

06 $360+361+362+363+364+365+366=$

07 $33+34+35+36+37+38+39+40+41=$

08 $405+406+407+408+409+410+411=$

09 $39+40+41+42+43+44+45+46+47=$

10 $109+110+111+112+113+114+115=$

연속한 짝수개의 수의 합은 (처음과 마지막 수의 합×연속한 수의 개수의 절반)을 계산하면 더 쉽고 빠르게 구할 수 있습니다.

$$37+38+39+40+41+42$$

$$79+79+79 \rightarrow 79 \times 3 = 237$$

□ 안에 알맞은 수를 쓰세요.

01 $98+99+100+101+102+103 = \boxed{201} \times \boxed{3} = \boxed{}$

02 $111+112+113+114+115+116 = \boxed{} \times \boxed{} = \boxed{}$

03 $150+151+152+153+154+155 = \boxed{} \times \boxed{} = \boxed{}$

04 $160+161+162+163+164+165+166+167 = \boxed{} \times \boxed{} = \boxed{}$

05 $180+181+182+183+184+185+186+187 = \boxed{} \times \boxed{} = \boxed{}$

06 $175+176+177+178+179+180+181+182 = \boxed{} \times \boxed{} = \boxed{}$

07 $155+156+157+158+159+160+161+162 = \boxed{} \times \boxed{} = \boxed{}$

🧮 계산하세요.

01 $15+16+17+18+19+20=$

02 $19+20+21+22+23+24=$

03 $34+35+36+37+38+39+40+41=$

04 $50+51+52+53+54+55+56+57=$

05 $66+67+68+69+70+71+72+73+74+75=$

06 $170+171+172+173+174+175=$

07 $290+291+292+293+294+295=$

08 $299+300+301+302+303+304+305+306=$

09 $312+313+314+315+316+317+318+319=$

10 $400+401+402+403+404+405+406+407+408+409=$

27 Ⓐ 두 번 더하고 2로 나누어요

연속한 수를 거꾸로 한 번 더 나열해 모두 더하고 그 값을 2로 나누어 연속한 수의 합을 구하는 방법입니다. 연속한 수의 개수가 홀수인지 짝수인지에 상관없이 이용할 수 있습니다.

$$1 + 2 + 3 + \cdots + 18 + 19 + 20$$

$$+ \begin{array}{r} 1 + 2 + 3 + \cdots + 18 + 19 + 20 \\ 20 + 19 + 18 + \cdots + 3 + 2 + 1 \\ \hline 21 + 21 + 21 + \cdots + 21 + 21 + 21 \end{array}$$

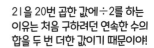

21을 20번 곱한 값에÷2를 하는 이유는 처음 구하려던 연속한 수의 합을 두 번 더한 값이기 때문이야!

$$21 \times 20 \div 2 = 210$$

다음과 같은 식을 이용하여 연속한 수의 합을 구하려 합니다. ☐ 안에 알맞은 수를 쓰세요.

01

$$+ \begin{array}{r} 1 + 2 + 3 + \cdots + 30 + 31 + 32 \\ 32 + 31 + 30 + \cdots + 3 + 2 + 1 \\ \hline 33 + 33 + 33 + \cdots + 33 + 33 + 33 \end{array}$$

$$1+2+3+\cdots+30+31+32 = \boxed{} \times \boxed{} \div \boxed{} = \boxed{}$$

02

$$+ \begin{array}{r} 1 + 2 + 3 + \cdots + 38 + 39 + 40 \\ 40 + 39 + 38 + \cdots + 3 + 2 + 1 \\ \hline 41 + 41 + 41 + \cdots + 41 + 41 + 41 \end{array}$$

$$1+2+3+\cdots+38+39+40 = \boxed{} \times \boxed{} \div \boxed{} = \boxed{}$$

🐤 다음과 같은 방법으로 연속한 수의 합을 구하려 합니다. ☐ 안에 알맞은 수를 쓰세요.

$$1+2+3+\cdots+59+60+61= \boxed{62} \times \boxed{61} \div \boxed{2} = \boxed{1891}$$

먼저 처음 수와 마지막 수의 합,
연속한 수의 개수가 얼마인지
각각 구해 보자!

01 $1+2+3+\cdots+30+31+32= \boxed{} \times \boxed{} \div \boxed{} = \boxed{}$

처음 수와 마지막 수의 합 : 1+32=33
연속한 수의 개수 : 32

02 $1+2+3+\cdots+49+50+51= \boxed{} \times \boxed{} \div \boxed{} = \boxed{}$

4 PART

03 $1+2+3+\cdots+58+59+60= \boxed{} \times \boxed{} \div \boxed{} = \boxed{}$

04 $1+2+3+\cdots+15+16+17= \boxed{} \times \boxed{} \div \boxed{} = \boxed{}$

05 $1+2+3+\cdots+19+20+21= \boxed{} \times \boxed{} \div \boxed{} = \boxed{}$

06 $1+2+3+\cdots+36+37+38= \boxed{} \times \boxed{} \div \boxed{} = \boxed{}$

07 $1+2+3+\cdots+21+22+23= \boxed{} \times \boxed{} \div \boxed{} = \boxed{}$

08 $1+2+3+\cdots+29+30+31= \boxed{} \times \boxed{} \div \boxed{} = \boxed{}$

09 $1+2+3+\cdots+41+42+43= \boxed{} \times \boxed{} \div \boxed{} = \boxed{}$

다음과 같은 방법으로 연속한 수의 합을 구하려 합니다. □ 안에 알맞은 수를 쓰세요.

$$7+8+9+\cdots+35+36+37=\boxed{44}\times\boxed{31}\div\boxed{2}=\boxed{682}$$

연속한 수의 개수는
(마지막 수−처음수+1)을
계산하면 돼!

01 $3+4+5+\cdots+40+41+42=\boxed{}\times\boxed{}\div\boxed{}=\boxed{}$

처음 수와 마지막 수의 합 : 3+42=45
연속한 수의 개수 : 42−3+1=40

02 $4+5+6+\cdots+31+32+33=\boxed{}\times\boxed{}\div\boxed{}=\boxed{}$

03 $5+6+7+\cdots+22+23+24=\boxed{}\times\boxed{}\div\boxed{}=\boxed{}$

04 $7+8+9+\cdots+19+20+21=\boxed{}\times\boxed{}\div\boxed{}=\boxed{}$

05 $9+10+11+\cdots+24+25+26=\boxed{}\times\boxed{}\div\boxed{}=\boxed{}$

06 $11+12+13+\cdots+30+31+32=\boxed{}\times\boxed{}\div\boxed{}=\boxed{}$

07 $15+16+17+\cdots+37+38+39=\boxed{}\times\boxed{}\div\boxed{}=\boxed{}$

08 $20+21+22+\cdots+33+34+35=\boxed{}\times\boxed{}\div\boxed{}=\boxed{}$

09 $13+14+15+\cdots+27+28+29=\boxed{}\times\boxed{}\div\boxed{}=\boxed{}$

😊 **다음을 구하세요.**

자연수는 1, 2, 3, …과 같은 수라는 것 기억하지?

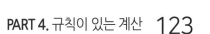

01 11에서 55까지의 연속한 자연수들의 합

처음 수와 마지막 수의 합 : 11+55=66
연속한 수의 개수 : 55−11+1=45

02 1에서 100까지의 연속한 자연수들의 합

03 5에서 39까지의 연속한 자연수들의 합

04 9에서 28까지의 연속한 자연수들의 합

05 16에서 35까지의 연속한 자연수들의 합

06 15에서 29까지의 연속한 자연수들의 합

07 17에서 35까지의 연속한 자연수들의 합

08 22에서 45까지의 연속한 자연수들의 합

달력에서 연속한 날짜가 홀수개일 때는 가운데 있는 수에 연속한 날짜의 개수를 곱해 합을 구합니다.

일	월	화	수	목	금	토
			1	2	3	4
5	6	7	8	9	10	11
12	13	14	15	16	17	18
19	20	21	22	23	24	25
26	27	28	29	30	31	

$$5+6+7+8+9=7+7+7+7+7$$
$$=7\times5$$

$$25+26+27=26+26+26=26\times3$$

달력을 보고 연속하는 날짜의 수의 합을 구하려 합니다. ☐ 안에 알맞은 수를 쓰세요.

01

일	월	화	수	목	금	토
	1	2	3	4	5	6
7	8	9	10	11	12	13
14	15	16	17	18	19	20
21	22	23	24	25	26	27
28						

$$11+12+13=12+12+12$$
$$=\boxed{}\times3=\boxed{}$$

$$18+19+20=\boxed{}+\boxed{}+\boxed{}$$
$$=\boxed{}\times3=\boxed{}$$

$$26+27+28=\boxed{}+\boxed{}+\boxed{}$$
$$=\boxed{}\times3=\boxed{}$$

02

일	월	화	수	목	금	토
				1	2	3
4	5	6	7	8	9	10
11	12	13	14	15	16	17
18	19	20	21	22	23	24
25	26	27	28	29	30	31

$$16+17+18=\boxed{}\times\boxed{}=\boxed{}$$

$$14+15+16=\boxed{}\times\boxed{}=\boxed{}$$

$$29+30+31=\boxed{}\times\boxed{}=\boxed{}$$

💡 달력을 보고 연속하는 날짜의 수의 합을 구하려 합니다. □ 안에 알맞은 수를 쓰세요.

앞에서 배운 연속한 수가 홀수개일 때의 합을 구하는 법을 생각하며 풀어 보자!

01

일	월	화	수	목	금	토
1	2	3	4	5	6	7
8	9	10	11	12	13	14
15	16	17	18	19	20	21
22	23	24	25	26	27	28
29	30	31				

$2+3+4+5+6=$ □ $\times$ 5 $=$ □

$11+12+13+14+15=$ □ $\times$ □

$=$ □

02

일	월	화	수	목	금	토
					1	2
3	4	5	6	7	8	9
10	11	12	13	14	15	16
17	18	19	20	21	22	23
24	25	26	27	28	29	30

$5+6+7+8+9=$ □ $\times$ □ $=$ □

$13+14+15+16+17=$ □ $\times$ □

$=$ □

03

일	월	화	수	목	금	토
		1	2	3	4	5
6	7	8	9	10	11	12
13	14	15	16	17	18	19
20	21	22	22	23	24	25
26	27	28	29	30		

$3+4+5+6+7+8+9=$ □ $\times$ 7

$=$ □

$21+22+23+24+25+26+27$

$=$ □ $\times$ □ $=$ □

04

일	월	화	수	목	금	토
	1	2	3	4	5	6
7	8	9	10	11	12	13
14	15	16	17	18	19	20
21	22	23	24	25	26	27
28	29	30	31			

$1+2+3+4+5+6+7=$ □ $\times$ □

$=$ □

$25+26+27+28+29+30+31$

$=$ □ $\times$ □ $=$ □

28 B 연속한 날짜가 짝수개일 때도 규칙이 있을까요?

연속한 날짜가 짝수개일 때는 합이 같도록 둘씩 짝을 지어 날짜의 합을 구합니다.

일	월	화	수	목	금	토
1	2	3	4	5	6	7
8	9	10	11	12	13	14
15	16	17	18	19	20	21
22	23	24	25	26	27	28
29	30	31				

$$9+10+11+12=21\times2$$

$$22+23+24+25+26+27=49\times3$$

달력을 보고 연속하는 날짜의 수의 합을 구하려 합니다. ☐ 안에 알맞은 수를 쓰세요.

01

일	월	화	수	목	금	토
1	2	3	4	5	6	7
8	9	10	11	12	13	14
15	16	17	18	19	20	21
22	23	24	25	26	27	28
29	30	31				

$$2+3+4+5=\boxed{}\times\boxed{2}=\boxed{}$$

$$11+12+13+14=\boxed{}\times\boxed{}$$
$$=\boxed{}$$

$$13+14+15+16=\boxed{}\times\boxed{}$$
$$=\boxed{}$$

02

일	월	화	수	목	금	토
					1	2
3	4	5	6	7	8	9
10	11	12	13	14	15	16
17	18	19	20	21	22	23
24	25	26	27	28	29	30

$$6+7+8+9=\boxed{}\times\boxed{}=\boxed{}$$

$$16+17+18+19=\boxed{}\times\boxed{}$$
$$=\boxed{}$$

$$21+22+23+24=\boxed{}\times\boxed{}$$
$$=\boxed{}$$

연속한 수가 짝수개일 때
그 합을 구하는 방법과 같네!

달력을 보고 연속하는 날짜의 수의 합을 구하려 합니다. □ 안에 알맞은 수를 쓰세요.

01

일	월	화	수	목	금	토
1	2	3	4	5	6	7
8	9	10	11	12	13	14
15	16	17	18	19	20	21
22	23	24	25	26	27	28
29	30					

$11+12+13+14+15+16=\square\times\square$
$=\square$

$21+22+23+24+25+26=\square\times\square$
$=\square$

02

일	월	화	수	목	금	토
			1	2	3	4
5	6	7	8	9	10	11
12	13	14	15	16	17	18
19	20	21	22	22	23	24
25	26	27	28			

$15+16+17+18+19+20=\square\times\square$
$=\square$

$18+19+20+21+22+23=\square\times\square$
$=\square$

03

일	월	화	수	목	금	토
	1	2	3	4	5	6
7	8	9	10	11	12	13
14	15	16	17	18	19	20
21	22	22	23	24	25	26
27	28	29				

$1+2+3+4+5+6+7+8=\square\times\square$
$=\square$

$23+24+25+26+27+28=\square\times\square$
$=\square$

04

일	월	화	수	목	금	토
		1	2	3	4	5
6	7	8	9	10	11	12
13	14	15	16	17	18	19
20	21	22	23	24	25	26
27	28	29	30	31		

$17+18+19+20+21+22=\square\times\square$
$=\square$

$25+26+27+28+29+30=\square\times\square$
$=\square$

달력에서 가로, 세로, 대각선으로 연결된 홀수개의 수의 합은 정가운데 수에 날짜의 개수를 곱한 값과 같습니다.

일	월	화	수	목	금	토
					1	2
3	4	5	6	7	8	9
10	11	12	13	14	15	16
17	18	19	20	21	22	23
24	25	26	27	28	29	30

$$3+11+19=11\times3$$
$+8 \qquad -8$

$$2+8+14+20+26=14\times5$$
$+12 \quad +6 \qquad -6 \quad -12$

달력을 보고 찾은 규칙이 있는 계산식입니다. □ 안에 알맞은 수를 쓰세요.

01

일	월	화	수	목	금	토
				1	2	3
4	5	6	7	8	9	10
11	12	13	14	15	16	17
18	19	20	21	22	23	24
25	26	27	28			

$$10+17+24=\boxed{}\times3=\boxed{}$$

$$1+7+13+19+25=\boxed{}\times5$$
$$=\boxed{}$$

02

일	월	화	수	목	금	토
	1	2	3	4	5	6
7	8	9	10	11	12	13
14	15	16	17	18	19	20
21	22	23	24	25	26	27
28						

$$11+18+25=\boxed{}\times3=\boxed{}$$

$$2+3+4+5+6=\boxed{}\times5$$
$$=\boxed{}$$

03

일	월	화	수	목	금	토
		1	2	3	4	5
6	7	8	9	10	11	12
13	14	15	16	17	18	19
20	21	22	23	24	25	26
27	28	29	30	31		

$$17+24+31=\boxed{}\times3=\boxed{}$$

$$3+9+15+21+27=\boxed{}\times5$$
$$=\boxed{}$$

💡 달력을 보고 찾은 규칙이 있는 계산식입니다. ☐ 안에 알맞은 수를 쓰세요.

01

일	월	화	수	목	금	토
				1	2	3
4	5	6	7	8	9	10
11	12	13	14	15	16	17
18	19	20	21	22	23	24
25	26	27	28	29	30	31

$5+12+19=\boxed{}\times\boxed{}=\boxed{}$

$2+8+14+20+26=\boxed{}\times\boxed{}$

$=\boxed{}$

02

일	월	화	수	목	금	토
		1	2	3	4	5
6	7	8	9	10	11	12
13	14	15	16	17	18	19
20	21	22	23	24	25	26
27	28	29	30	31		

$17+24+31=\boxed{}\times\boxed{}=\boxed{}$

$4+10+16+22+28=\boxed{}\times\boxed{}$

$=\boxed{}$

03

일	월	화	수	목	금	토
	1	2	3	4	5	6
7	8	9	10	11	12	13
14	15	16	17	18	19	20
21	22	23	24	25	26	27
28	29	30	31			

$2+9+16+23+30=\boxed{}\times\boxed{}$

$=\boxed{}$

$4+12+20=\boxed{}\times\boxed{}=\boxed{}$

04

일	월	화	수	목	금	토
	1	2	3	4	5	6
7	8	9	10	11	12	13
14	15	16	17	18	19	20
21	22	23	24	25	26	27
28	29	30				

$1+8+15+22+29=\boxed{}\times\boxed{}$

$=\boxed{}$

$13+19+25=\boxed{}\times\boxed{}=\boxed{}$

4 PART

29 B 사각형 안의 규칙을 찾아볼까요?

일	월	화	수	목	금	토
					1	2
3	4	5	6	7	8	9
10	11	12	13	14	15	16
17	18	19	20	21	22	23
24	25	26	27	28	29	30

규칙 1. 달력의 이웃한 4개의 수를 ＼ 방향, ／ 방향으로 각각 더한 값은 같습니다.

$$4+12=5+11=16$$

규칙 2. 달력의 이웃한 6개의 수를 ＼ 방향, ↓방향, ／ 방향으로 각각 더한 값은 같습니다.

$$14+23=15+22=16+21=37$$

달력을 보고 찾은 규칙이 있는 계산식입니다. □ 안에 알맞은 수를 쓰세요.

01

일	월	화	수	목	금	토
		1	2	3	4	5
6	7	8	9	10	11	12
13	14	15	16	17	18	19
20	21	22	23	24	25	26
27	28	29	30			

$$18+26=\boxed{}+19=\boxed{}$$

$$2+10=9+\boxed{}=\boxed{}$$

$$6+14=\boxed{}+13=\boxed{}$$

02

일	월	화	수	목	금	토
1	2	3	4	5	6	7
8	9	10	11	12	13	14
15	16	17	18	19	20	21
22	23	24	25	26	27	28
29	30	31				

$$6+14=\boxed{}+7=\boxed{}$$

$$4+10=11+\boxed{}=\boxed{}$$

$$31+23=\boxed{}+30=\boxed{}$$

🔍 달력을 보고 찾은 규칙이 있는 계산식입니다. □ 안에 알맞은 수를 쓰세요.

01

일	월	화	수	목	금	토
		1	2	3	4	5
6	7	8	9	10	11	12
13	14	15	16	17	18	19
20	21	22	23	24	25	26
27	28	29	30			

$1+10=\boxed{}+9=3+\boxed{}$

$20+29=\boxed{}+28=22+\boxed{}$

$\boxed{}+19=11+18=12+\boxed{}$

02

일	월	화	수	목	금	토
	1	2	3	4	5	6
7	8	9	10	11	12	13
14	15	16	17	18	19	20
21	22	23	24	25	26	27
28	29	30	31			

$21+30=22+\boxed{}=\boxed{}+28$

$9+24=\boxed{}+17=23+\boxed{}$

$\boxed{}+12=4+11=5+\boxed{}$

03

일	월	화	수	목	금	토
1	2	3	4	5	6	7
8	9	10	11	12	13	14
15	16	17	18	19	20	21
22	23	24	25	26	27	28
29	30					

$1+\boxed{}=2+9=\boxed{}+8$

$10+19=\boxed{}+18=12+\boxed{}$

$5+14=\boxed{}+13=\boxed{}+12$

04

일	월	화	수	목	금	토
	1	2	3	4	5	6
7	8	9	10	11	12	13
14	15	16	17	18	19	20
21	22	23	24	25	26	27
28	29	30	31			

$1+16=\boxed{}+9=15+\boxed{}$

$16+\boxed{}=17+24=18+\boxed{}$

$4+19=11+\boxed{}=\boxed{}+5$

4
PART

일정한 규칙에 따라 바둑돌을 나열했습니다. 표를 보고 다섯째에 알맞은 식과 바둑돌의 개수를 써넣으세요.

01

먼저 개수를 나타내는 식에 어떤 규칙이 있는지 찾아보자!

	첫째	둘째	셋째	넷째	다섯째
식	1	1+2	1+2+2	1+2+2+2	
개수	1	3	5	7	

02

	첫째	둘째	셋째	넷째	다섯째
식	1	1+2	1+2+3	1+2+3+4	
개수	1	3	6	10	

03

	첫째	둘째	셋째	넷째	다섯째
식	1×1	2×2	3×3	4×4	
개수	1	4	9	16	

일정한 규칙에 따라 바둑돌을 나열했습니다. 표를 보고 빈칸에 알맞은 식과 바둑돌의 개수를 써넣으세요.

01

	첫째	둘째	셋째	넷째	다섯째
식	1	1+2	1+2+3		
개수	1		6		

02

	첫째	둘째	셋째	넷째	다섯째
식	1	1+4	1+4+4		
개수	1				

03

	첫째	둘째	셋째	넷째	다섯째
식	1	1+4	1+4+8	1+4+8+12	
개수	1	5	13		

일정한 규칙에 따라 바둑돌을 나열했습니다. 일곱째 모양의 바둑돌의 개수를 구하세요.

식을 쓰면서 규칙을
정리해 볼까?

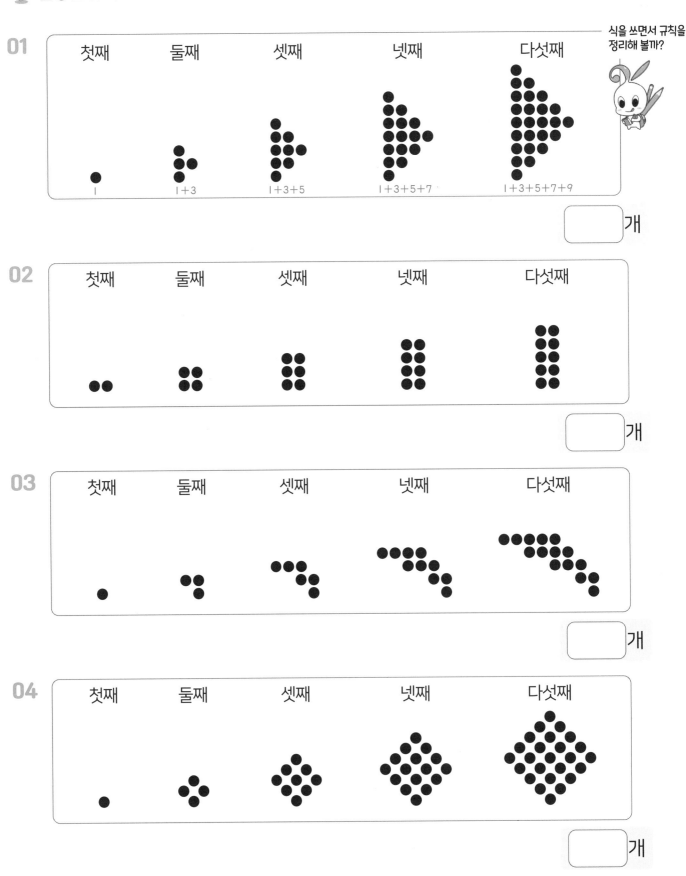

01

첫째   둘째   셋째   넷째   다섯째

1   1+3   1+3+5   1+3+5+7   1+3+5+7+9

개

02

첫째   둘째   셋째   넷째   다섯째

개

03

첫째   둘째   셋째   넷째   다섯째

개

04

첫째   둘째   셋째   넷째   다섯째

개

👓 일정한 규칙에 따라 바둑돌을 나열했습니다. 여덟째 모양의 바둑돌의 개수를 구하세요.

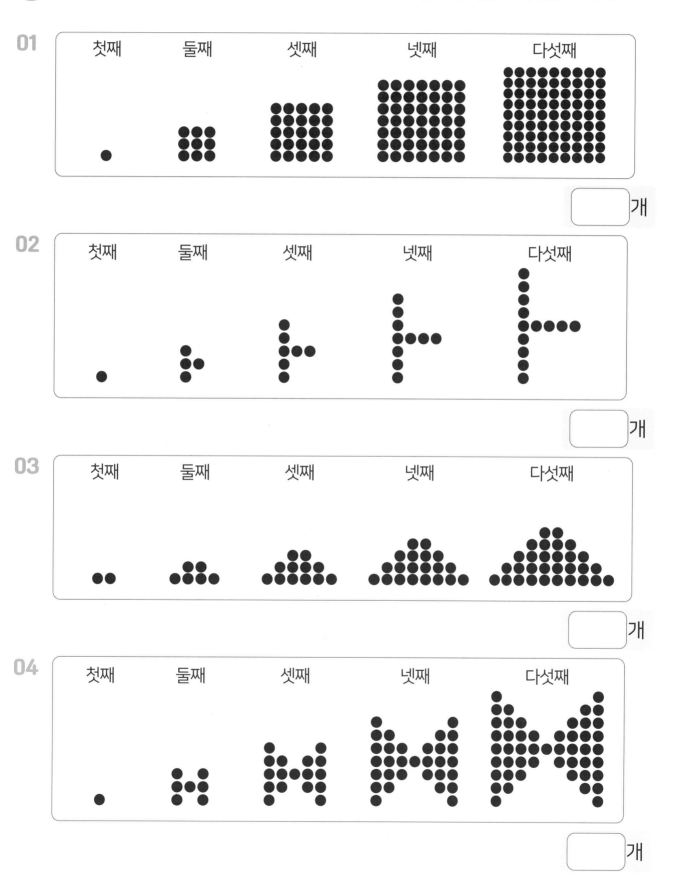

01 첫째 둘째 셋째 넷째 다섯째

☐ 개

02 첫째 둘째 셋째 넷째 다섯째

☐ 개

03 첫째 둘째 셋째 넷째 다섯째

☐ 개

04 첫째 둘째 셋째 넷째 다섯째

☐ 개

4 PART

🔍 계산식의 규칙에 따라 다음에 올 식을 구하려 합니다. □ 안에 알맞은 수를 쓰세요.

01

$150 + 170 = 320$

$160 + 180 = 340$

$170 + 190 = 360$

$180 + 200 = 380$

더하는 수와 더해지는 수가 10씩 커지니까 합이 20씩 커지고 있어!

$\boxed{190} + \boxed{210} = \boxed{}$

02

$140 + 150 = 290$

$145 + 155 = 300$

$150 + 160 = 310$

$155 + 165 = 320$

$\boxed{} + \boxed{} = \boxed{}$

03

$210 - 110 = 100$

$220 - 130 = 90$

$230 - 150 = 80$

$240 - 170 = 70$

$\boxed{} - \boxed{} = \boxed{}$

04

$98 - 70 = 28$

$96 - 60 = 36$

$94 - 50 = 44$

$92 - 40 = 52$

$\boxed{} - \boxed{} = \boxed{}$

05

$55 + 45 = 100$

$59 + 42 = 101$

$63 + 39 = 102$

$67 + 36 = 103$

$\boxed{} + \boxed{} = \boxed{}$

06

$300 - 100 = 200$

$307 - 105 = 202$

$314 - 110 = 204$

$321 - 115 = 206$

$\boxed{} - \boxed{} = \boxed{}$

계산식의 규칙에 따라 다섯째에 알맞은 식을 써넣으세요.

01

	식
첫째	104＋202＝306
둘째	114＋212＝326
셋째	124＋222＝346
넷째	134＋232＝366
다섯째	

02

	식
첫째	114＋215＝329
둘째	214＋315＝529
셋째	314＋415＝729
넷째	414＋515＝929
다섯째	

03

	식
첫째	268－114＝154
둘째	368－214＝154
셋째	468－314＝154
넷째	568－414＝154
다섯째	

04

	식
첫째	395－102＝293
둘째	385－112＝273
셋째	375－122＝253
넷째	365－132＝233
다섯째	

05

	식
첫째	259＋341＝600
둘째	258＋343＝601
셋째	257＋345＝602
넷째	256＋347＝603
다섯째	

06

	식
첫째	955－100＝855
둘째	855－110＝745
셋째	755－120＝635
넷째	655－130＝525
다섯째	

계산식의 규칙에 따라 다음에 올 식을 구하려 합니다. ☐ 안에 알맞은 수를 쓰세요.

01

$27000027 \div 3 = 9000009$

$2700027 \div 3 = 900009$

$270027 \div 3 = 90009$

$27027 \div 3 = 9009$

0의 개수에 주의하자!

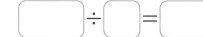

☐ ÷ ☐ = ☐

02

$9999999 \div 9 = 1111111$

$999999 \div 9 = 111111$

$99999 \div 9 = 11111$

$9999 \div 9 = 1111$

☐ ÷ ☐ = ☐

03

$37 \times 3 = 111$

$37 \times 6 = 222$

$37 \times 9 = 333$

$37 \times 12 = 444$

☐ × ☐ = ☐

04

$101 \times 11 = 1111$

$202 \times 11 = 2222$

$303 \times 11 = 3333$

$404 \times 11 = 4444$

☐ × ☐ = ☐

05

$1000 \times 80 = 80000$

$2000 \times 40 = 80000$

$4000 \times 20 = 80000$

$8000 \times 10 = 80000$

☐ × ☐ = ☐

06

$66066 \div 11 = 6006$

$55055 \div 11 = 5005$

$44044 \div 11 = 4004$

$33033 \div 11 = 3003$

☐ ÷ ☐ = ☐

🧑 계산식의 규칙에 따라 다섯째에 알맞은 식을 써넣으세요.

01

	식
첫째	$11 \times 13 = 143$
둘째	$111 \times 13 = 1443$
셋째	$1111 \times 13 = 14443$
넷째	$11111 \times 13 = 144443$
다섯째	

02

	식
첫째	$22 \times 91 = 2002$
둘째	$33 \times 91 = 3003$
셋째	$44 \times 91 = 4004$
넷째	$55 \times 91 = 5005$
다섯째	

03

	식
첫째	$333333 \div 11 = 30303$
둘째	$444444 \div 11 = 40404$
셋째	$555555 \div 11 = 50505$
넷째	$666666 \div 11 = 60606$
다섯째	

04

	식
첫째	$81 \div 9 = 9$
둘째	$891 \div 9 = 99$
셋째	$8991 \div 9 = 999$
넷째	$89991 \div 9 = 9999$
다섯째	

05

	식
첫째	$123456789 \times 9 = 1111111101$
둘째	$123456789 \times 18 = 2222222202$
셋째	$123456789 \times 27 = 3333333303$
넷째	$123456789 \times 36 = 4444444404$
다섯째	

주어진 범위에서 연속한 자연수의 합을 구하고, 그 결과가 더 작은 것에 △표 하세요.

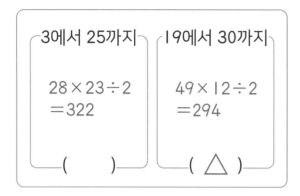

3에서 25까지

$28 \times 23 \div 2 = 322$

( )

19에서 30까지

$49 \times 12 \div 2 = 294$

(△)

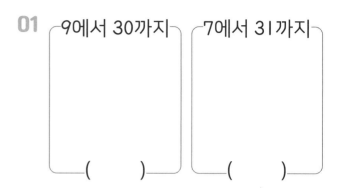

01

9에서 30까지

( )

7에서 31까지

( )

02

8에서 20까지

( )

7에서 21까지

( )

03

6에서 30까지

( )

8에서 31까지

( )

04

9에서 50까지

( )

7에서 49까지

( )

05

3에서 20까지

( )

5에서 21까지

( )

06

8에서 30까지

( )

5에서 28까지

( )

07

7에서 40까지

( )

6에서 39까지

( )

💡 수 배열표에서 규칙이 있는 계산식을 찾았습니다. ☐ 안에 알맞은 수를 쓰세요.

210	220	230	240	250	260	270
310	320	330	340	350	360	370
410	420	430	440	450	460	470
510	520	530	540	550	560	570
610	620	630	640	650	660	670

01

$$230 + 440 = \boxed{} + 340 = 430 + \boxed{} = \boxed{}$$

$$\boxed{} + 460 = 350 + 450 = 360 + \boxed{} = \boxed{}$$

$$520 + 640 = \boxed{} + 630 = 540 + \boxed{} = \boxed{}$$

02

$$450 + 560 + 670 = 650 + \boxed{} + 470 = \boxed{} \times \boxed{} = \boxed{}$$

$$420 + \boxed{} + 440 = 330 + 430 + 530 = \boxed{} \times \boxed{} = \boxed{}$$

$$240 + \boxed{} + 420 = 220 + 330 + 440 = \boxed{} \times \boxed{} = \boxed{}$$

03

$$210 + 320 + 430 = 410 + \boxed{} + 230 = \boxed{}$$

$$430 + \boxed{} + 410 = 520 + 420 + 320 = \boxed{}$$

$$650 + 540 + 430 = 450 + \boxed{} + 630 = \boxed{}$$

이런 문제를 다루어요

01 수 배열의 규칙에 따라 빈칸에 알맞은 수를 써넣으세요.

1256	1257	1258			1261	1262
1156	1157	1158	1159	1160		1162
1056		1058	1059	1060	1061	
	957		959	960	961	962

02 수 배열의 규칙에 따라 빈칸에 알맞은 수를 써넣으세요.

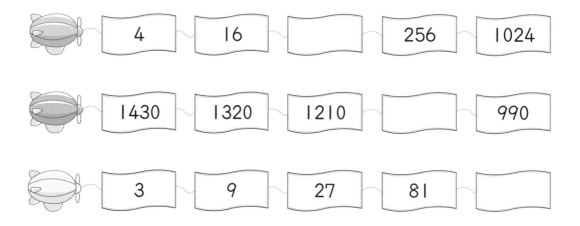

| 4 | 16 | | 256 | 1024 |

| 1430 | 1320 | 1210 | | 990 |

| 3 | 9 | 27 | 81 | |

03 계산식의 규칙에 따라 계산 결과가 99999800001이 되는 계산식을 쓰세요.

순서	계산식
첫째	$9 \times 9 = 81$
둘째	$99 \times 99 = 9801$
셋째	$999 \times 999 = 998001$
넷째	$9999 \times 9999 = 99980001$

계산식 : _____

04 도형의 배열에서 규칙을 찾고, 여섯째와 일곱째에 알맞은 도형을 각각 그리세요.

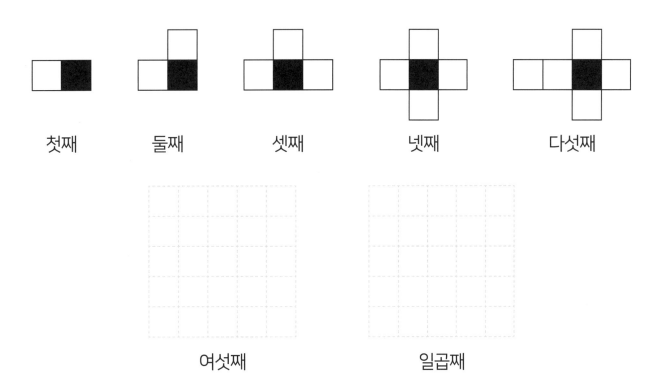

| 첫째 | 둘째 | 셋째 | 넷째 | 다섯째 |

여섯째   일곱째

05 규칙에 따라 수를 배열하였습니다. 다음에 올 수를 구하세요.

| 1   1   2   3   5   8   13   21   34 |

답 : _____

06 계산식의 규칙에 따라 빈칸에 알맞은 식을 써넣으세요.

$$6000 + 9000 = 15000$$
$$7000 + 8000 = 15000$$

[   ]

$$9000 + 6000 = 15000$$
$$10000 + 5000 = 15000$$

$$4 \times 106 = 424$$
$$4 \times 1006 = 4024$$
$$4 \times 10006 = 40024$$

[   ]

$$4 \times 1000006 = 4000024$$

어떤 수 카드를 들었을까요?

호영이가 8이 적힌 수 카드를 들면 리아는 64가 적힌 수 카드를 들고, 호영이가 3이 적힌 수 카드를 들면 리아는 9가 적힌 수 카드를 듭니다. 리아가 49가 적힌 수 카드를 들었다면 호영이가 어떤 수 카드를 들었던 것일까요?

PART 1. 각도

01A ▶ 10쪽

01	80	02	115
03	60	04	125
05	90	06	140

▶ 11쪽

01	80°	02	85°	03	135°
04	115°	05	70°	06	105°
07	130°	08	55°	09	170°
10	150°	11	115°	12	75°
13	60°	14	155°	15	135°
16	120°	17	90°	18	130°
19	165°	20	25°	21	115°

01B ▶ 12쪽

01	45	02	25
03	40	04	75
05	70	06	95

▶ 13쪽

01	35°	02	85°	03	45°
04	10°	05	15°	06	105°
07	100°	08	35°	09	40°
10	65°	11	70°	12	95°
13	80°	14	25°	15	55°
16	5°	17	85°	18	30°
19	20°	20	125°	21	90°

02A ▶ 14쪽

01	180, 220	02	360, 250
03	180, 60, 240	04	360, 125, 235
05	180, 45, 225	06	360, 140, 220

▶ 15쪽

01	110, 70	02	35, 40, 285		
03	115	04	75	05	80
06	315	07	235	08	135
09	115	10	215	11	175

02B ▶ 16쪽

01	90, 70, 20	02	180, 65, 50, 65
03	180, 65, 90, 25	04	180, 90, 30, 60
05	50	06	55	07	55
08	40	09	110	10	70

▶ 17쪽

01	50, 70, 60
	60, 50, 70
02	180, 42, 48, 90
	180, 90, 42, 48

03	75, 15	04	68, 57	05	50, 46
06	32, 58	07	100, 35	08	54, 56

03A ▶ 18쪽

01	60	02	90
	60		180, 90
03	45	04	70
	180, 45		180, 70
05	110	06	55
	180, 110		180, 55

▶ 19쪽

01	75	02	65	03	40
04	35	05	50	06	60
07	45	08	30	09	50
10	45	11	75	12	30

03B ▶ 20쪽

		01	60	02	135
03	125	04	75	05	120
06	50	07	130	08	95
09	70	10	85	11	105

▶ 21쪽

01	60	02	30
03	40	04	85
05	70	06	35
07	140	08	115
09	45	10	80
11	110	12	125

04A ▶ 22쪽

01	60	02	110
	60		360, 110
03	60	04	45
	360, 60		360, 45
05	95	06	100
	360, 110, 95		360, 105, 100

▶ 23쪽

01	105	02	110	03	100
04	130	05	85	06	70
07	60	08	75	09	135
10	85	11	45	12	135

04B ▶ 24쪽

		01	155	02	200
03	175	04	105	05	190
06	280	07	265	08	260
09	290	10	295	11	250

▶ 25쪽

01	160	02	130
03	90	04	150
05	80	06	145
07	220	08	155
09	210	10	225
11	235	12	285

05A ▶ 26쪽

		01	45, 30, 75
02	45, 30, 75	03	45, 60, 105
04	45, 90, 135	05	60, 60, 120

▶ 27쪽

01	135	02	90
03	105	04	120
05	90	06	150
07	60	08	105

05B ▶ 28쪽

		01	90, 60, 30
02	60, 45, 15	03	90, 30, 60
04	90, 45, 45	05	60, 30, 30
06	180, 45, 135	07	180, 30, 150

▶ 29쪽

		01	60
02	60	03	90
04	75	05	75
06	120	07	90

06A ▶ 30쪽

01	75, 105	02	65, 115
03	60, 120	04	85, 95
05	110, 70	06	100, 80

▶ 31쪽

01	80	02	140
03	70	04	80
05	120	06	95
07	120	08	75
09	105	10	100

06B ▶ 32쪽

01 60, 120   02 125, 55
03 80, 100   04 65, 115
05 75, 105   06 120, 60

▶ 33쪽

01 60   02 50
03 95   04 95
05 70   06 65
07 40   08 100
09 85   10 75

07A ▶ 34쪽

01 120   02 180   03 150
04 150   05 60   06 30
07 90   08 60   09 90

▶ 35쪽

01 150   02 60   03 120
04 60   05 150   06 90
07 30   08 30   09 90

07B ▶ 36쪽

           01 180, 120
02 270, 30   03 150, 90
04 210, 90   05 300, 60
06 240, 120   07 180, 0

▶ 37쪽

01 240, 60   02 150, 90
03 270, 90   04 270, 30
05 120, 0   06 300, 0
07 150, 90   08 210, 30

08A ▶ 38쪽

01 125   02 110   03 35
04 40   05 75   06 110
07 230   08 235   09 275
10 70, 80   11 60, 75   12 56, 34

▶ 39쪽

01 40   02 40   03 115
04 70   05 110   06 70
07 90   08 125   09 80
10 50   11 20   12 85

교과에선 이런 문제를 다루어요 ▶ 40쪽

01   (△)   (○)   (   )

02

03 60, 90
04 120°, 85°
    125°, 35°
05 55, 230, 67, 23
06 70, 55, 125
07 70, 85

Quiz Quiz ▶ 42쪽

팔각형을 삼각형 6개로 나누어 여덟 각의 크기의 합을 구합니다.

팔각형의 여덟 각의 크기의 합
= 삼각형의 세 각의 크기의 합×6
= 180°×6= 1080°

PART 2. 곱셈

09A ▶ 44쪽

01 20   02 132
    200   1320
    2000   13200
    20000
03 54   04 576
    540   5760
    5400   57600
    54000
05 24   06 96
    240   960
    2400   9600
    24000

▶ 45쪽

01 40000   02 12000
03 3000   04 36000
05 35000   06 64000
07 30000   08 6000
09 31200   10 49700
11 43200   12 6000
13 18800   14 21000
15 24300   16 13200

09B ▶ 46쪽

         01 10000   02 32000
03 8000   04 18000   05 48000
06 42000   07 20000   08 15000
09 28000   10 27000   11 54000
12 16000   13 9000   14 21000

▶ 47쪽

         01 18400   02 51300
03 13500   04 19800   05 27200
06 46900   07 10000   08 17000
09 9400   10 31200   11 54600
12 56800   13 7200   14 10800

10A ▶ 48쪽

01 590   02 708   03 1870
   5900   7080   18700
04 2708   05 2733   06 3129
   27080   27330   31290
07 3090   08 856   09 7569
   30900   8560   75690
10 1818   11 1428   12 5792
   18180   14280   57920

▶ 49쪽

01 37530   02 12960
03 7960   04 36450
05 21850   06 68810
07 7280   08 35160
09 6810   10 8560
11 25960   12 11300
13 52020   14 69370
15 2220   16 27750

10B ▶ 50쪽

         01 31570   02 24720
03 23310   04 43020   05 15400
06 17720   07 4770   08 38880
09 23670   10 44560   11 20720
12 26880   13 13250   14 6960

▶ 51쪽

01 10740   02 11960   03 42900
04 41840   05 8980   06 4920
07 25270   08 76230   09 38610
10 28560   11 27400   12 4360
13 13860   14 39300   15 8790